普通高等教育"十三五"规划教材

焊接技术与工程实验教程

姚宗湘　王　刚　尹立孟　主编

U0314306

北　京
冶金工业出版社
2017

内 容 提 要

　　本书是根据焊接技术与工程专业人才培养目标的要求编写的，内容涉及焊接冶金学、焊接电源、焊接设备与工艺、焊接结构、焊接检验等专业主干课程的相关实验。实验主要是培养学生综合运用知识和解决工程实际问题的能力。本书侧重实用性和全面性，兼顾综合性和特色性实验，便于培养学生的实验技能、动手能力、工程实践能力和创新能力。

　　本书可作为高等院校焊接技术与工程专业本科生的实验教材，也可供焊接专业高职生、专科生、研究生和焊接相关专业工程技术人员参考。

图书在版编目(CIP)数据

　　焊接技术与工程实验教程/姚宗湘，王刚，尹立孟主编. —北京：冶金工业出版社，2017.7
　　普通高等教育"十三五"规划教材
　　ISBN 978-7-5024-7547-5

　　Ⅰ.①焊… Ⅱ.①姚… ②王… ③尹… Ⅲ.①焊接—高等学校—教材 Ⅳ.①TG4

　　中国版本图书馆 CIP 数据核字（2017）第 169865 号

出　版　人　谭学余
地　　　址　北京市东城区嵩祝院北巷 39 号　邮编　100009　电话　(010)64027926
网　　　址　www.cnmip.com.cn　电子信箱　yjcbs@cnmip.com.cn
责任编辑　赵亚敏　美术编辑　吕欣童　版式设计　孙跃红
责任校对　郑　娟　责任印制　牛晓波
ISBN 978-7-5024-7547-5
冶金工业出版社出版发行；各地新华书店经销；三河市双峰印刷装订有限公司印刷
2017 年 7 月第 1 版，2017 年 7 月第 1 次印刷
787mm×1092mm　1/16；9.75 印张；231 千字；146 页
26.00 元
冶金工业出版社　投稿电话　(010)64027932　投稿信箱　tougao@cnmip.com.cn
冶金工业出版社营销中心　电话　(010)64044283　传真　(010)64027893
冶金书店　地址　北京市东四西大街 46 号(100010)　电话　(010)65289081(兼传真)
冶金工业出版社天猫旗舰店　yjgycbs.tmall.com
（本书如有印装质量问题，本社营销中心负责退换）

前　言

　　焊接技术与工程专业是一门工程性和实践性很强的专业。该专业本科人才培养的目标是培养具有一定工程实践能力并能服务于生产一线的应用型技术人才，培养过程中也由传授知识为主转变为提高实践能力、加强素质培养为主。培养目标和培养方法的转变对教材的编写提出了相应的要求，即所编写的教材要突出内容的实践性、可操作性及前沿性。然而，大多数高等院校的焊接专业均是近五年来陆续从材料成型及控制工程专业独立出来的，在实验教材选用上面临着两个主要问题，其一是焊接实验教材还比较缺乏，其二是现有焊接实验教材不能满足应用型技术人才培养的需要，因此重庆科技学院特组织相关人员编写了本书。

　　本实验教材在编写时充分考虑了课程和实验配合的需要，以注重实践性为原则。本书所列的实验内容有两类，共 37 个实验项目：一类是验证性实验，主要是用实验来验证课堂所讲授的理论知识，以加深学生对所学知识的理解，此类实验按照课程设置进行介绍，分别讲述了焊接冶金学、焊接电源、焊接设备与工艺、焊接结构、焊接检验等专业主干课程在内的 30 个实验；另一类是综合性和创新性的实验，此类有 7 个实验。通过这些实验，一是希望学生加深对课本理论知识的理解，熟悉相关的设备操作；二是培养学生分析问题和解决问题的能力；三是培养学生实践和动手能力。该部分实验内容较多，各院校可根据自己课程设置特点、课时安排和所具备的实验条件等情况，有所侧重地选择具体实验内容开设。

　　本书的主要编写人员为重庆科技学院焊接技术与工程专业教师姚宗湘、尹立孟、王刚、张丽萍、陈志刚、王纯祥、柴森森。由姚宗湘、王刚、尹立孟任主编，姚宗湘负责本书的策划和统稿。具体编写分工为：陈志刚、王刚共同编写第 1 章，张丽萍编写第 2 章，姚宗湘、尹立孟、王刚共同编写第 3 章，姚宗湘编写第 4 章，王纯祥编写第 5 章，姚宗湘、柴森森、蒋德平共同编写第 6 章，同时参加本书编写工作的还有刘海琼（成都工业学院）、刘拥军（西南交通大学）、李勇和唐明（重庆赛宝工业研究院）、王小明（湖南邵阳学院）等多位老师。

　　本书获得重庆市高等学校"三特行动计划"冶金材料特色学科专业群建设经费的支持，编写过程中得到重庆科技学院冶金与材料工程学院朱光俊院长、符春林副院长、尹建国院长助理的大力支持，也得到了很多老师和研究生的帮助，在此向他们表示衷心的感谢。本书中引用的部分图片、数据均来自公开的资料，由于难以查找其原作出处，故未做标注，本书作者向所引用文献的原作者（包括标注和未标注的）一并表示诚挚的谢意，也衷心地感谢相关资料的提供者。

　　由于作者水平有限，书中难免有不妥之处，敬请同行及广大师生批评指正，与我们一起共同努力，提高焊接实验教学水平。

编　者

2017 年 4 月

目　录

1 焊接冶金学实验

实验1 焊接接头扩散氢测定实验

一、实验目的

(1) 熟悉45℃甘油法测氢仪的原理及使用方法。

(2) 掌握焊缝金属中扩散氢的测定方法、步骤。

(3) 了解焊条电弧焊时影响焊缝金属中扩散氢含量的因素。

(4) 熟悉标准《熔敷金属中扩散氢测定方法》（GB/T 3965—1995）。

二、实验原理

1. 氢在焊缝中的存在形式

在焊接过程中，液态金属吸收大量的氢，一部分在熔池凝固过程中逸出，另一部分因熔池冷却过快来不及逸出而被残留在固态焊缝金属中。在钢焊缝中，氢大部分是以 H、H^+ 或 H^- 形式存在，并与焊缝金属形成间隙固溶体。由于氢原子和离子的半径很小，一部分氢在焊缝金属晶格中自由扩散，称为扩散氢；另一部分氢扩散聚集到金属晶格缺陷、显微裂纹和非金属夹杂物边缘的空隙中，结合为氢分子，因其半径较大，不能自由扩散，称为残余氢。

2. 氢的主要危害

对许多金属焊接而言，氢的存在会使接头的塑性下降，从而引起氢脆。此外氢还会在焊缝中形成氢气孔和白点，使接头的承载面积和塑性下降，从而影响其使用可靠性。扩散氢的含量高低会直接影响焊接接头冷裂纹产生的可能性，所以，了解各种焊接材料、焊接方法的焊接接头扩散氢含量水平对制定合理的焊接工艺、分析缺陷产生的原因和采取合理的处理措施非常重要。

3. 氢的产生及主要来源

焊接时，氢主要来源于焊接材料中的水分、含氢物质、电弧周围空气中的水蒸气以及母材坡口表面的铁锈油污等。对于电弧焊而言，氢主要通过以下两个途径进入焊缝金属中：一是通过气相与液相金属的界面以原子或质子的形式被吸附后溶入金属中；二是通过熔渣层以扩散形式溶入金属中。

4. 焊接金属中含氢量的影响因素

影响焊缝金属中含氢量的主要因素有：(1) 环境温度与湿度；(2) 保护气体的含水量；(3) 焊丝及工件的清理质量；(4) 焊材的型号、烘焙温度、保湿时间和存放条件；

（5）焊接方法、工艺参数、焊接电流的种类和极性；（6）焊件的焊后热处理等。

5. 扩散氢的测定方法

熔敷金属中扩散氢是评定焊接接头工艺性能的重要组成部分。目前，测定焊缝金属中扩散氢含量的方法常用的主要有甘油置换法、气相色谱法及水银置换法等三种。甘油置换法是将焊接完的样品迅速置于已充满甘油的收集器中，收集样品中的扩散氢，收集过程中甘油温度须保持在（45±1）℃。经过72h后结束收集，准确读取收集器中的气体量。一般用于分析熔敷金属中扩散氢含量大于2mL/100g。当熔敷金属中扩散氢含量小于2mL/100g时，必须使用色谱法测定。标准《熔敷金属中扩散氢测定方法》（GB/T 3965—1995）规定甘油置换法、气相色谱法适用于焊条电弧焊、埋弧焊、实芯焊丝气保焊及药芯焊丝气保焊。水银置换法只适用于焊条电弧焊。

本实验主要介绍甘油置换测氢法，所用实验装置如图1-1所示，该法具有操作简单、无污染等特点，因此得到广泛应用。通常熔敷金属中的扩散氢含量较少，因此可用气体排液法把扩散氢收集到一个密闭的集气管内进行测量（见图1-2）。实验时先将测定器中注入测定介质——甘油，放入恒温箱内，加热到45℃保温待用。焊接试样，并将焊接后的试件立即冷却、除水放入测定收集器中，盖好有橡皮密封圈的内盖，再旋紧外盖以保证测定器的密封性。此后立即将收集器置于恒温箱内，记录收集器读数管中甘油液面的初始读数。随着试件焊缝中的扩散氢不断的逸出，将同体积的甘油排入收集器中，因此读数液面将不断上升。经过72h，扩散氢基本不再逸出，此时记录收集器中甘油液面终了读数，再进行简单的换算，就可得出标准状态下焊缝金属中扩散氢含量的数值。

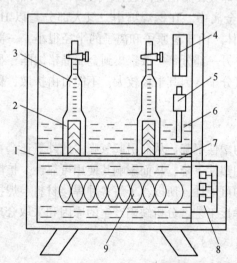

图1-1　甘油测氢设备示意图

1—恒温收集箱；2—试样；3—收集器；4—温度计；
5—水银接触温度计；6—恒温甘油浴；7—收集器
支撑板；8—恒温控制器；9—加热电阻丝

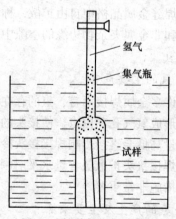

氢气
集气瓶
试样

图1-2　扩散氢收集示意图

6. 扩散氢含量的计算方法

甘油测试方法将待测的扩散氢体积 $V(\mathrm{mL})$ 首先换算成标准状态下（101kPa）的氢气体积 $V_0(\mathrm{mL})$，再算出100g熔敷金属中析出的扩散氢含量。

计算公式见式（1-1）和式（1-2）：

$$V_0 = \frac{pVT_0}{p_0 TW} \times 100 \quad (\text{mL/100g}) \tag{1-1}$$

$$W = W_1 - W_0 \tag{1-2}$$

式中　V_0——标准状况下每 100g 熔敷金属中扩散氢含量；

　　　V——集气管中收集的扩散氢气体含量，mL；

　　　p_0——标准大气压，101kPa；

　　　p——实验室大气压，kPa；

　　　T_0——273K；

　　　T——273+t，K；

　　　t——恒温收集箱中的温度，℃；

　　　W_0——试件原质量，g；

　　　W_1——试件焊后质量，g。

甘油法扩散氢测定的评定标准如表 1-1。

表 1-1　甘油法扩散氢评定的标准

评定标准	熔敷金属中含氢量 （mL/100g）	评定标准	熔敷金属中含氢量 （mL/100g）
高	>15	低	≤10，但>5
中	≤15，但>10	很低	≤5

三、实验装置及实验材料

（1）XU61KQ-35 甘油法数控式金属扩散氢测定仪（或其他型号）1 台。

（2）集气管若干根。

（3）直流焊机 1 台。

（4）交流焊机 1 台。

（5）焊条烘干箱 1 台。

（6）Q235A 钢板若干块。

（7）电子天平（精确到 1g）1 台。

（8）直径 ϕ4.0 的 E4303（J422）和 E5015（J507）焊条若干根。

（9）其他工具：吹风机、钳子、榔头、镊子、丙酮、无水乙醇、秒表等。

四、实验方法及步骤

1. 实验内容

（1）在直流反接下，比较平板表面堆焊时酸性焊条（E4303）烘干与不烘干接头扩散氢的含量；　（2）比较酸性焊条（E4303，150℃×2h 烘干处理）和碱性焊条（E5015，350℃×2h 烘干处理）在直接反接下，平板表面堆焊时接头扩散氢的含量；（3）比较碱性焊条 E5015 分别在 250℃×2h 和 350℃×2h 烘干处理下，采用直接反接，在平板表面堆焊时接头扩散氢的含量；（4）比较碱性焊条（E5015，350℃×2h 烘干处理）在直接反接下平板表面分别采用短弧和长弧堆焊时接头扩散氢的含量。

2. 试件准备

（1）试样制备及清理。表 1-2 是标准《熔敷金属中扩散氢测定方法》（GB/T 3965—1995）给出的焊条电弧焊、埋弧焊和气体保护焊等焊接方法测扩散氢实验所用的试样尺寸。本实验采用焊条电弧焊进行焊接，试件尺寸为 100mm×25mm×12mm，引弧板和引出板尺寸均为 45mm×25mm×12mm。将试板、引弧板、引出板表面用砂纸除锈，用丙酮清洗吹干后称量试板原始质量 W_0（精确到 0.1g）；然后进行（650±10）℃、1h，或（250±10)℃、6h 后随炉冷却的去氢处理。

表 1-2　试板及引弧板、引出板尺寸　　　　　　　　　　　（mm）

试板种类	焊接方法	试板尺寸			引弧板、引出板尺寸			测定方法	排列顺序
		厚 T	宽 W	长 L	厚 T	宽 W	长 L		
1 号	手工电弧焊	10	15	30	10	15	45		
	埋弧焊		30	15		30	150		
	气体保护焊						45		
2 号	手工电弧焊	12	25	40	12	25	45	气相色谱法	
	埋弧焊						150		
	气体保护焊						45		
3 号	手工电弧焊	12	25	80	12	25	45		
	埋弧焊						150		
	气体保护焊						45		
4 号	手工电弧焊	12	25	100	12	25	45	甘油置换法	
	埋弧焊						150		
	气体保护焊						45		
5 号	手工电弧焊	10	15	7.5/15	10	15	44	水银置换法	

（2）焊接材料准备。焊条烘干温度如表 1-3。烘干后的焊条在 100~120℃ 保温，随用随取。

表 1-3　焊条烘干温度

组　别		1	2	3
E4303	烘干温度/℃		150	
	保温时间/h		2	
E5015	烘干温度/℃	不烘干	250	350
	保温时间/h	—	2	2

3. 焊接

将试板、引弧板、引出板各一块，按表 1-2 中的排列顺序置于水冷夹具上进行堆焊，焊接时采用短弧焊，不允许中间断弧，焊缝长度要保证有 35mm，若发生灭弧，则该试件报废。焊接规范见表 1-4。

表 1-4 扩散氢测试实验焊接工艺参数

组别	序号	焊条类型	焊条烘干温度	电弧长度	焊接电流/A	焊接电压/V	焊接速度/mm·min⁻¹
I	1	E4303	不烘干	短弧焊	160~170	21~23	80
	2	E4303	150℃	短弧焊	160~170	21~23	80
II	3	E4303	150℃	短弧焊	160~170	21~23	80
	4	E5015	350℃	短弧焊	160~170	21~23	80
III	5	E5015	250℃	短弧焊	160~170	21~23	80
	6	E5015	350℃	短弧焊	160~170	21~23	80
IV	7	E5015	350℃	短弧焊	160~170	21~23	80
	8	E5015	350℃	长弧焊	160~170	21~23	80

4. 水冷

停焊后在 5s 内松开夹具,将试件投入体积为 5000mL、温度为 0~20℃ 的冷水中急冷,并摆动试件,以避免试件局部温度过高。10s 后取出试件,用机械方法去掉引弧板和引出板。

5. 清洗

清理掉钢板表面飞溅,用钢丝刷清理渣皮,然后放入乙醇中去水 3~5s,再放入乙醚中去油 3~5s,用冷风吹干后迅速放入集气管内,以免熔敷金属中的氢逸出。试件焊完到放入集气管内的时间(简称"停焊至试件入仪时间")不能超过 90s。

6. 收集扩散氢

试件在 45℃ 恒温甘油中放置 72h 后,便可认为扩散氢已全部逸出,将吸附在收集器管壁和试样上的气泡收集上去,准确读取集气管内甘油柱液面的刻度(要求精确到 0.02mL),就是扩散氢体积 V,此时还要记录恒温箱内温度及实验室气压 P。将数据填入表 1-5 中。

7. 称重

测量结束后,取出试样,洗净、吹干后称量 W_1(精确到 0.1g)。将数据填入表 1-5 中。

按同样的条件及规范,将上述步骤重复一次,取两个试件测得的扩散氢体积的平均值作为测定结果,实验数据填入实验报告表中。

8. 计算

按照式 1-1 进行计算,将计算数据填入表 1-5 中。

表 1-5 焊缝中扩散氢含量测定数据表

实验条件 ＼ 实验数据 ＼ 试件编号	1	2	3	4	5	6	7	8
焊条牌号								
烘干温度 T/℃								
电流种类及极性								

实验条件＼实验数据	试件编号 1	2	3	4	5	6	7	8
焊接电流 I/A								
焊前试板质量 W_0/g								
焊后试件质量 W_1/g								
液面初始读数 V_1/mL								
液面最终读数 V_2/mL								
测定扩散氢体积 V/mL								
焊接时间/s								
停焊至入水时间/s								
停焊至试件入仪时间/s								
环境温度/℃								
扩散氢含量平均值/mL·$(100g)^{-1}$								

五、实验结果整理和分析

（1）记录并计算各数据。

（2）根据实验结果，分析焊条种类、烘干温度及其他参数下熔敷金属扩散氢含量，绘图表示焊条种类、烘干温度、长短弧等对含氢量的影响，并对实验结果进行分析。

六、思考及讨论

（1）用甘油法测得的熔敷金属中扩散氢含量的精度如何确定？影响精度的因素有哪些？

（2）分析长、短弧焊接时测出的扩散氢含量不同的原因。

（3）分析比较酸、碱性焊条的抗锈能力。

（4）为什么焊后要立即将试样放入水中？

七、注意事项

（1）实验时，要确保实验场所通风。

（2）试样焊接后装入收集器的时间要尽量短。

（3）注意用电安全，实验结束后关好水、电、门窗。

实验 2　焊条药皮配方设计及制备工艺实验

一、实验目的

（1）了解碳钢焊条药皮配方设计的原则和设计依据。

（2）熟悉各种药皮成分的作用和对工艺性能的影响。

（3）熟悉焊条生产流程，掌握焊条手工搓制或小型压涂机制作技术。

（4）了解设计焊条的技术标准《碳钢焊条》（GB5117—1995）等。

二、实验原理

1. 焊条制造标准

《碳钢焊条》（GB5117—1995）标准中规定了常用碳钢焊条的熔敷金属化学成分和力学性能要求。因此，实验中设计的配方所制造的焊条的熔敷金属化学成分和力学性能应符合标准的规定。

2. 制备焊条的基本原理

焊条是由药皮和焊芯组成的。焊条药皮组成是根据焊条的力学性能和工艺性能要求将各种矿石粉和铁合金按一定比例配制而成。焊条在压制前，应在药粉中加入适量的水玻璃并将其搅拌均匀，水玻璃与药粉的质量比通常控制在 0.2 左右。上述准备工作完成以后，再用涂敷机将其涂敷在焊芯表面。焊条涂敷完后，就可进行磨头、磨尾、印字和烘干。

3. 药皮各组成的成分和作用

药皮组成物主要有金属及铁合金类、矿石类、化工产品类和有机物类，主要起稳弧、造渣、造气、脱氧、合金化、黏结和成形等作用。

4. 合金过渡系数

合金过渡系数与渣的化学性质有关。配方设计时应根据各种合金的过渡系数、焊芯中该元素的含量、熔敷金属应达到的含量进行计算，得出药皮中该元素的含量值。

5. 检测

按《碳钢焊条》（GB5117—1995）的要求配制化学成分和制备力学性能试样，用于检测该焊条熔敷金属的化学成分和力学性能；按《电焊条焊接工艺性能评定方法》（JBT8423—1996）的要求对焊接工艺性能中电弧的稳定性、焊接飞溅、焊接烟尘、焊缝成形、焊接位置的适应性等方面进行检测。

6. 对比和改进

记录所设计配方的焊条熔敷金属化学成分和力学性能与标准的差别，对配方中合金含量进行调整；根据各个配方所表现出的工艺性能，掌握各种成分对工艺性能的影响，再调整配方，改进工艺性能。通过以上的调整，所设计配方的焊条熔敷金属化学成分与力学性能符合标准要求，且工艺性能优良。

三、实验装置及实验材料

（1）搅拌机、压涂机、送丝机、磨头磨尾机和烘干炉各 1 台。

（2）电子天平（精确到1g）1台。

（3）大理石、萤石、中碳锰铁、白泥、云母、钛白粉、钛铁矿、还原钛铁矿、长石、45号硅铁、石英、白云石若干。

（4）水玻璃（模数为M3.1）若干。

（5）厚度为12mm的A3钢铁若干。

（6）直径为$\phi3.2$和$\phi4.0$的H08A棒芯若干。

（7）玻璃板两张。

（8）木板一张。

（9）木架两个。

四、实验内容及步骤

1. 焊条配方设计

根据焊条设计的配方及焊芯化学成分、各种成分的过渡系数、各组成物的组成等设计一个配方。E4303和E5015焊条的参考配方见表1-6。

表1-6　E4303和E5015焊条参考配方

焊条类别 药皮成分	E4303(J422)/g				E5015(J507)/g	
	配方1	配方2	配方3	配方4	配方1	配方2
大理石	12.4	5.6	9.6	14.2	54	44
萤石	—	—	—	—	15	24
中碳锰铁	12	10.2	9.1	15.1	—	—
白泥	14	13.2	9.6	13.2	—	—
云母	7	5.6	7.7	6.6	—	2
钛白粉	8	7.5	5.8	20.8	—	5
钛铁矿	—	—	22.2	22.6	—	—
还原钛铁矿	—	42.3	—	—	—	—
钛铁	—	—	6.9	—	12	12.5
长石	8.6	1.1	8	7.6	—	—
石英	—	1.4	—	—	9	5
白云石	—	13.2	—	—	—	—
菱苦土	7	—	5.8	—	—	—
木粉	—	—	1	—	—	—
金红石	30	—	14.4	—	—	—
低度硅铁	—	—	—	—	5	2.5
锰铁	—	—	—	—	5	4
纯碱	—	—	—	—	—	1
合计	100	100.1	100.1	100.1	100	100

用药皮质量系数$K_b=0.4$，计算每种焊条所需药皮的质量，参考表1-6配方设计

E4303、E5015，用电子天平按配方称取各种药皮辅料，并配粉、过筛、拌粉、加水玻璃搅拌和匀。

2. 称量焊芯

用砂纸将焊芯打磨去锈、校直，用天平称出 5 根焊芯的质量，然后计算每根平均质量。

3. 搓制

将和好的药粉铺在玻璃板上，将棒芯放在上面，用套了塑料薄膜的木板滚动，将药粉涂敷在棒芯上。反复滚动，直至药粉均匀涂敷到棒芯为止，并保证药粉的均匀度、棒芯的同心度和药皮的厚度达到要求。注意焊芯的一端留出 20mm 左右的无药皮夹持端，非夹持端要漏出焊芯，不要形成包头。

4. 烘干焊条

将搓制好的焊条放到木架晾干，然后放入焊条烘干箱进行烘干，烘干温度按标准要求，升降温速度应控制在合理范围内，防止药皮开裂。不同组别的焊条同炉烘干时要做好标记，以防混乱。表 1-7 是几种典型碳钢焊条的推荐烘干温度，供参考。

表 1-7　焊条推荐的烘干温度

焊条牌号	烘干温度/℃	保温时间/h
J421，J422，J502	100~150	1~1.5
J426，J427，J506，J507	350~400	1~1.5

5. 检测

烘干后的焊条进行外观检测，如药皮有裂缝、剥落等即为不合格。按标准或工艺推荐的焊接电流进行试焊，对焊条工艺性能进行考查，记录各配方工艺性能的表现，并比较不同配方间工艺性能的区别，对实验结果进行分析，总结出各种不同组成物对焊条工艺性能的影响，找到焊条配方设计的规律。

五、实验结果整理和分析

（1）记录焊条制备过程。
（2）观察并记录制作的焊条外观质量。

六、思考题

（1）E4043 药皮类型属于哪一种，指出其配方中主要的造渣剂、造气剂、脱氧剂各是什么？
（2）E5015 药皮类型属于哪一种，指出其配方中主要的造渣剂、造气剂、脱氧剂各是什么？
（3）E4043 和 E5015 选择脱氧剂有何不同？

七、注意事项

（1）进行本实验必须有经验丰富的实验教师在场指导帮助，需有良好的防护措施。

（2）实验完成后，关闭各设备电源；将所余棒芯和药皮放入专用保管箱中防止受潮、生锈；将电子天平回归原位，并打扫实验场地。

（3）实验完成后应根据实验过程和结果写出实验总结，内容应涵盖以上内容。

（4）该实验课时不得少于 2 学时。

实验 3　焊条工艺性能实验

一、实验目的

（1）了解焊条工艺性能评定方法。

（2）对比常用酸性焊条 J422 和 J427 焊条的焊接工艺性能差异。

（3）熟悉焊条工艺性能评定方法、指标及影响因素。

（4）了解标准《电焊条焊接工艺性能评定方法》（JB/T8423—1996）。

二、实验原理

焊条工艺性能是指焊条在使用和操作时的性能，它是衡量焊条质量好坏的一个重要指标，主要包括电弧稳定性、焊缝脱渣性、再引弧性、焊接飞溅率、焊缝成形、焊接发尘量等。焊条工艺性能主要取决于药皮成分，焊条根据药皮成分和酸碱度主要分为酸性焊条和碱性焊条。

酸性焊条药皮中含有较多的酸性氧化物（如 FeO、TiO_2、SiO_2）成分，故熔渣的氧化性强。这些焊条的工艺性能好，其焊缝外表成形美观、波纹细密。酸性焊条一般可采用交、直流电源施焊，典型的酸性焊条为 E4303（J422）。

碱性焊条药皮中含有较多的碱性氧化物，如大理石、萤石等成分，它们在焊接冶金中反应生成 CO_2 和 HF，因此降低了焊缝中的含氢量，故又称为低氢焊条。由于其药皮中含有萤石，故电弧稳定性差；含大量 MnO、$CaCO_3$ 等，导致熔渣黏度大、熔点高、脱渣性差和再引弧性差；熔滴过渡形式为短路过渡，故焊接飞溅大；药皮中萤石和 MnO 等成分，造成焊接烟尘，易产生氟中毒和锰中毒。碱性焊条的焊缝具有较高的塑性和冲击韧性值，一般承受动载的焊件或刚性较大的重要结构均采用碱性焊条施工。典型的碱性焊条为 E5015（J507）。

另外，对焊条药皮强度、焊条药皮耐潮性、熔渣流动性等也需了解和对比。

三、实验设备及试样

（1）直流焊机 1 台。

（2）Q235A 低碳钢板：200mm×200mm×12mm 钢板 2 块；400mm×100mm×12mm 钢板 4 块；300mm×100mm×12mm 钢板 8 块，300mm 侧开 35°、1mm 钝边坡口。

（3）J422 和 J427 焊条（也可使用其他牌号的酸碱性焊条，φ4.0mm）若干根。

（4）紫铜板（500mm×500mm×3mm）2 块。

（5）5 倍放大镜 1 个。

（6）秒表 1 块。

（7）直尺 1 把。

（8）2kg 铁球 1 个。

（9）其他。

四、实验内容

1. 材料准备

（1）$\phi4.0$mm 的 J422（E4303）焊条 1kg，焊前经 150℃烘干 1h。

（2）$\phi4.0$mm 的 J427（E4315）焊条 1kg，焊前经 350℃烘干 1h。

2. 评定内容及方法

（1）电弧稳定性。电弧稳定性评定包括断弧长度和灭弧与喘息次数两项指标。本试验采用断弧长度进行评定。

1）将焊条垂直夹在支架上，焊条引弧端距试板 2.5mm；

2）试板尺寸为 200mm×200mm×（12～20）mm；

3）启动焊机，用石墨片引燃电弧，焊条自行燃烧至断弧；

4）断弧后将焊缝上的熔渣轻轻敲掉，并去除焊条端部的熔渣和药皮；

5）垂直测量焊条端部与焊道之间的距离，即为断弧长度（mm）；

6）每种焊条测定三根，取其算术平均值。

（2）焊缝脱渣性：

1）试验在两块 300mm×100mm×12mm 钢板对接焊缝坡口内分别采用 $\phi4.0$mm 的 J422、J427 焊条焊接，焊接前点固试板，其坡口角度为 70°±1°、钝边 1mm、不留间隙；

2）焊接时采用单道焊，焊条不摆动，焊条熔化比（焊条熔化比＝焊道长度/熔化焊条长度）约为 1∶1.3，剩余焊条长度为 50mm；

3）试板焊接后，立即将焊道朝下平置于锤击平台上，保证落球锤击在试板中心位置。将 2kg 的铁球置于 1.3m 的支架上；

4）焊后 1min，使铁球从固定的落点，以初速度为零的速度以自由落体状态锤击试板中心；

5）酸性焊条连续锤击 3 次，碱性焊条连续锤击 5 次；

6）每种焊条测定 2 次，取其算术平均值；

7）脱渣率计算式：

$$脱渣率 = \frac{焊道总长(mm) - 未脱渣总长(mm)}{焊道总长(mm)} \times 100\%$$

$$未脱渣总长 = 未脱渣长 + 严重黏渣长 + 0.2(轻微黏渣长)$$

式中，未脱渣指渣完全未脱，呈焊后原始状态；严重黏渣指渣表面脱落，仍有薄渣层，不露焊道表面；轻微黏渣指焊道侧面有黏渣，焊道部分露出焊道金属或渣表面脱落，断续露出焊道金属。

（3）再引弧性能：

1）试板为 400mm×100mm×12mm 钢板（施焊板）和 200mm×100mm×12mm 钢板（再引弧板），再引弧板表面需采用角向砂轮打磨氧化皮，接地需良好；

2）焊条在施焊板上焊接 15s 停弧，停弧至规定的"间隔"时间，在再引弧板上进行再引弧；

3）同一"间隔"时间用同一根焊条焊接三次，每次再引弧前需焊接 15s。三次中有两次以上出现电弧闪光或短路状态即为通过，另换一根焊条进行下一"间隔"时间评定；

4）酸性焊条"间隔"时间以 5s 起，碱性焊条"间隔"时间以 1s 起。

（4）焊条药皮强度的试验方法。焊条药皮应均匀、紧密地包覆在焊芯周围，整个焊条药皮上不得有影响焊接质量的裂纹、气泡、杂质及剥落等缺陷存在。如此，焊条药皮就具有足够的强度。

1）将水平放置的焊条以自由落体形式落到厚度不小于 400mm×100mm×12mm 钢板上；

2）采用 ϕ4.0mm 的 J422、J427 焊条焊接，试验高度为 0.5m 焊条落下后，观察受检焊条药皮破损情况，如果破裂只在两端，且破裂总长不大于 30mm，可判定为合格，每次测试 5 根。

（5）焊条药皮耐潮性的检验方法。将焊条静置于常温（15~25℃）水中，4h 后观察，药皮不应有胀开或脱落现象，每次测试 5 根。

（6）焊条熔渣流动性试验方法。通常采用上坡焊、下坡焊和宽波焊三种方法来进行试验。

1）上坡焊、下坡焊。将两块 400mm×100mm×12mm 钢板放置成与水平面倾斜 10°的位置，然后，同一个人用同一台焊机和尽量一致的焊接参数，分别对两块试板进行上坡焊和下坡焊。上坡焊时，焊条由下向上作直线运动；下坡焊时，焊条由上向下作直线运动。焊条与试板的倾斜角度为 80°。施焊过程中，观察熔渣流动情况。焊完清理后，用肉眼或放大镜观察焊缝成形情况。

2）宽波焊。将一块 400mm×100mm×12mm 钢板置于水平位置，使焊条与试板的夹角为 70°，在试板上堆焊两层焊缝金属，第一层为 20~25mm，待试板冷却至室温后再堆焊第二层，第二层宽度与第一层宽度接近，施焊过程中观察熔渣的流动性。焊完清渣后，用肉眼或放大镜观察焊缝成形情况。

五、实验数据记录及分析

（1）将实验结果记录在表 1-8 中。

（2）根据实验结果，分析总结两种典型焊条 J422、J427 焊条的工艺性能情况。

表 1-8　焊条工艺性能试验数据记录表

序号	考核项目	实验条件（焊条直径：　　）		实验结果
1	电弧稳定性	$I(A)=$	J422	
			J427	
2	药皮强度	$H(m)=$	J422	
			J427	
3	药皮耐潮性	水温（℃）： 浸泡时间（℃）：	J422	
			J427	
4	再引弧性	$I(A)=$	J422	
			J427	
5	焊缝脱渣性	$I(A)=$	J422	
			J427	

序号	考核项目	实验条件（焊条直径：　　　）		实验结果
6	焊缝成形	$I(\mathrm{A})=$	J422	
			J427	
7	熔渣流动性	$I(\mathrm{A})=$	J422	
			J427	

六、思考题

（1）根据实验结果，试分析 J422 和 J427 焊接电弧稳定性的差别，说明原因。

（2）根据实验结果，试分析 J422 和 J427 焊接飞溅大小的差别，说明原因。

七、注意事项

（1）实验前，先认真阅读实验指导书的内容，并明确本次实验的目的和要求。

（2）了解焊条各成分的作用。

（3）焊接操作者要穿戴劳保服、戴焊工手套，以免烫伤；同时焊接过程要注意通风除尘。

实验 4　焊接接头热循环采集测试实验

一、实验目的

（1）了解焊接热循环曲线的特征和主要参数。

（2）了解焊接热循环采集系统的原理，熟悉设备的操作方法。

（3）掌握利用焊接热循环采集及分析系统对电弧焊焊接过程热循环进行温度采集及曲线分析的方法。

（4）熟悉焊接热循环曲线的特征及其主要表征参数。

（5）了解焊接热循环过程对接头性能的影响。

二、实验原理、方法和手段

焊接过程中热源沿焊件移动时，焊件上某点温度由低到高，达到最高值后，又由高而低随时间的变化称为焊接热循环。可以用 $T = f(t)$ 来表示，按此关系所画出的曲线称为该点的热循环曲线。

焊接热循环是描述焊接过程中热源对被焊金属的热作用。在距离焊缝不同位置的各点所经历的这种热循环是不同的（见图1-3）。从图1-3可知，离焊缝越近的点，其加热速度越大、峰值温度越高、冷却速度越大、并且加热速度比冷却速度要大得多，所以说焊接是一个不均匀加热和冷却过程，也可以说是一种特殊的热处理，产生相变、晶粒长大、应力和应变，从而对金属的组织和性能产生较大的影响，进而影响焊接结构的安全稳定性。另

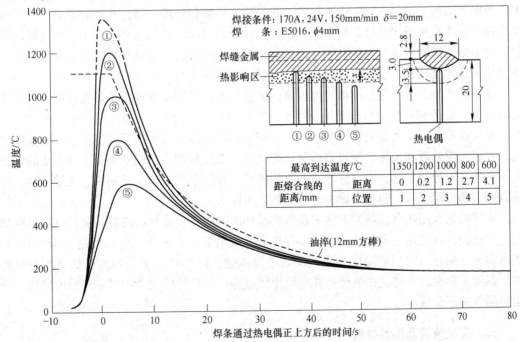

图 1-3　距焊缝不同距离各点的热循环（低碳钢，$\delta = 20$mm，手弧焊）

外，焊接方法不同，热循环曲线的形状也发生较大的变化，如图1-3所示。因此，控制和测量焊接热循环，对于控制接头热影响区（HAZ）金属的组织和性能具有重要的意义。

　　由于焊接方法不同，热循环曲线也不同，如图1-4所示。

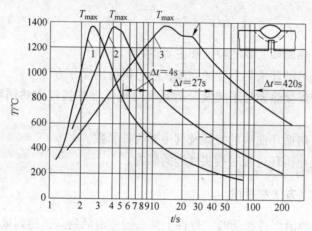

图 1-4　不同焊接方法的焊接热循环

1—焊条电弧焊；2—埋弧焊；3—电渣焊

　　目前，焊接热循环曲线可以利用软件通过数值仿真计算的方法获得，但由于计算时所采用的假定条件与实际焊接条件出入较大，计算所得的理论热循环曲线对比实际测得的曲线仍有很大误差，故实际上多用实测的方法来获得热循环曲线。

　　测定焊接热循环的方法主要有两种，即接触式和非接触式。接触式的测温原理是利用热电偶两端由于温度差而产生热电势进行测量的。测温时把热电偶的热结点焊在被测点上，热电偶的另一端接在 AD 转换器上，进行数字采集和处理，通过数据存储或 AD 转换将热循环曲线直接输出在计算机屏幕上或通过计算机打印输出。这种方式由于热电偶的联接，会影响到被测物体的温度和热平衡，降低测温的精确度，而且对于微小体积的快速温度变化响应速度较慢。它的优点是简单、直观、测量精度高。

　　非接触式测定方法是利用红外测温及热成像技术，其测温原理是从熔池背面摄取温度场的热像（红外辐射能量分布图），然后把热像分解成许多像素，通过电子束扫描实现转换，在显像管屏幕上获得灰度等级不同的点构成图像，该图像间接反映了焊接区的温度变化，经过图像处理和换算，便可得出某一瞬间或动态过程的真实温度场。这种方法的优点是不直接接触被测物体，不会破坏被测物体的温度和热平衡，响应时间快、灵敏度高，可连续测温和自动记录，但测试设备复杂、技术难度大。

　　本实验是利用热电偶测温方法来获得热循环曲线的，是接触式测温。实验时将热电偶先进行连接，再利用电容储能式热电偶焊机将此热电偶接点焊在钻好深度的试板小孔内，热电偶另一端通过专用的温度采集模块与电脑连接，焊接时由于热接点受热会产生电势差，温度采集模块会将这些电势差在电脑中经过专门的软件转化成相对应的温度曲线，从而得到热循环曲线。

三、实验装置及实验材料

（1）埋弧自动焊焊接系统 1 套（也可采用其他焊接方法进行）。

（2）电容储能式热电偶焊机 1 台。

（3）镍铬-镍硅热电偶丝（直径小于 1mm）3 对。

（4）台式钻床 1 台。

（5）ϕ3mm 钻头、ϕ3mm 平头铰刀、深度尺各 1 个。

（6）低碳钢板（300mm×150mm×12mm）2 块。

（7）其他辅助工具等。

四、实验步骤

整个焊接热循环采集系统如图 1-5 所示。

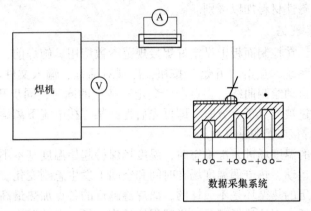

图 1-5　焊接热循环采集系统

1. 焊接并固定热电偶

在试件待焊焊道的中心线背面钻三个 ϕ3mm 的测温孔。孔底锥角要大于 120°。可用平头铰刀将孔底铰成平端面，孔深为 8mm、9mm 及 10mm，用深度尺实测深度，并记录在表 1-9 中。分别把每对镍铬-镍硅热电偶丝的端头用电容储能式热电偶焊机焊合，以形成热结点。然后将两对热电偶热结点分别焊接到测温孔底部，要仔细检查焊接点质量，务必保证焊牢。热电偶的正负极之间隔开，以防短路影响测量。

表 1-9　实验数据记录表

| 试板编号 | 测温孔号 | 测温孔深/mm | 焊 接 规 范 | | | | T_{m}/℃ | 加热至 T_{m} 所需时间/s | 900℃以上停留时间/s | 800~500℃以上冷却时间/s | 550℃瞬时冷却速度/℃·s^{-1} |
			焊接电流 I/A	电弧电压 U/V	焊接速度 v/mm·s^{-1}	焊接线能量 J·cm^{-1}					
1	A										
	B										
	C										
2	A										
	B										
	C										
3	A										
	B										
	C										

2. 连接温度采集系统

数据采集系统由数据采集卡、动态分析软件、计算机组成。该系统可完成以下几个方面工作：

（1）将热电偶的温度变化转变为热电势，并将热电势输入到 AD 转换器的输入端，把模拟信号转换成数字信号。

（2）因具有多个通道，故可同时采集多个点的温度。

（3）具有较高的滤波功能及进行数据存储和数据处理的能力，软件能自动绘制出温度随时间的变化曲线。

再把热电偶两端分别接到温度采集模块上，注意把镍铬接正极，镍硅接负极。镍硅有磁性，可用磁铁或磁性材料加以区别。

3. 焊接并采集数据

打开焊接设备，在控制面板上设定好焊接规范参数待用。施焊前，打开电脑，进入焊接热循环数据采集系统，点击"开始"按钮，出现对话框，输入文件名，点击"确定"，数据采集系统开始自动绘制曲线。当点击"确定"按钮的同时，同步开始进行焊接。

当焊接电弧经过被测点正上方时，即可先后得到某焊接电流下离熔合线不同距离点的"热循环"曲线。焊接参数见表1-9。

当焊接热电偶的温度场进入准稳态时，温度场保持起始温度基本不变。随着焊接过程的进行，热源不断运动，热电偶温度场在时间和空间上发生急剧变化。焊缝两侧距离焊缝远近不同的点所经历的热循环是不一样的，离焊缝越近的各点加热最高温度越高，越远的点加热最高温度越低。焊接热循环曲线说明焊接接头上任一点的温度变化都直接反应微观组织成分和形态的变化，这样的相变关系是一一对应的，只要热电偶附近的温度达到了相变温度，组织就会发生相变，从而性能也会发生相应的变化。

五、实验数据记录及处理

（1）试验数据记录在表1-9中。

（2）绘制各区域的热循环曲线。

（3）分析各区域热循环曲线的特点，并比较其差异。

六、思考题

（1）如何利用热循环曲线分析接头在热循环过程中发生的组织和性能变化？

（2）分析焊接规范参数对热循环曲线的影响？

七、注意事项

（1）实验前，先认真阅读实验指导书的内容，并明确本次实验的目的和要求。

（2）了解不同热输入热循环曲线的差异，并根据理论分析其原因。

（3）分组进行，由指导老师讲解实验原理及实验方法，然后学生分头进行，要求学生做课前预习和实验数据记录，实验结束后撰写实验报告。

（4）焊接试样制备时要穿戴劳保服、戴焊工手套，以免烫伤；同时焊接过程要注意通风除尘。

（5）焊接热电偶时，要小心谨慎，切勿用力拉热电偶。

实验 5　焊接接头金相组织分析实验

一、实验目的

（1）熟悉碳钢或低合金钢焊接接头各区域的组织变化情况。

（2）了解影响焊接接头组织的因素。

（3）掌握用金相显微镜分析焊接接头各区域组织分布特性的方法。

二、实验原理

焊接的过程实际上是电弧（热源）产生的高温（4000~7000℃）使被焊金属局部加热发生熔化同时加入填充的金属（焊条、焊丝）熔化滴入，形成金属液体熔池。当电弧移开时，由于周围冷金属导热，使熔池的温度迅速降低，熔池凝固成焊缝。熔池周围的母材由于电弧的热作用，从室温以上一直加热到熔化温度范围，这部分被加热的母材金属也随着电弧的移开而被迅速冷却，于是形成一个焊接接头。

焊接接头包括焊缝区、热影响区以及两边未受影响的母材金属。热影响区部分在焊接过程中受热不均匀，导致不同位置的点所经历的焊接热循环是不同的（即被加热的最高温度不同），而且焊接后的冷却速度也不同。因此，各部分组织与性能也不同，主要表现出组织不均匀、晶粒度不均匀的特点。以低碳钢和低合金钢为例，根据焊缝横截面的温度分布曲线，结合铁碳合金相图，对焊接接头各部分的组织与性能变化加以说明，如图 1-6 所示。

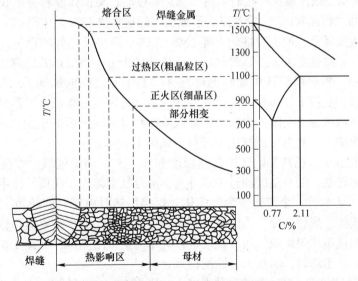

图 1-6　低碳钢焊接接头的组织变化示意图

1. 焊缝金属

焊缝金属结晶是从熔池底壁上许多未熔化的半个晶粒开始的。因结晶使各个方向冷却速度不同，垂直于熔线方向冷却速度最大，所以晶粒由垂直于熔合线向熔池中心生长，最终呈柱状晶，如图 1-7（a）所示。在结晶过程中，低熔点的硫磷杂质和氧化铁等易偏析，集中在焊缝中心，将影响焊缝金属的力学性能，如图1-7（b）所示。

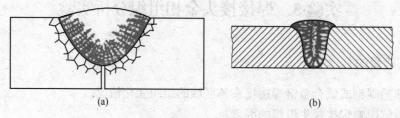

图1-7　焊缝金属结晶示意图

（a）焊缝柱状树枝晶；（b）焊缝金属的偏析

2. 热影响区

热影响区是指焊缝两侧因焊接热作用而发生组织与性能变化的区域。各种不同的焊接方法和焊接时输入热量的不同，使热影响区区域的大小也有所不同。在热影响区，由于各点的热循环不同，一般常用的低碳钢和低合金钢热影响区可分为熔合区、过热区、正火区和部分相变区。

（1）熔合区。即焊缝和基本金属的交界区，其最高加热温度处于固相线和液相线之间的区域。由于该区域温度高，基体金属部分熔化，所以也称为"半熔化区"。熔化的金属凝固成铸态组织，未熔化金属体内温度过高而长大成粗晶粒。此区域在显微镜下一般为2~3个晶粒的宽度，有时难以辨认。该区域虽然很窄，但强度、塑性和韧性都下降；同时此处接头断面发生变化，将引起应力集中，很大程度上决定着焊接接头的性能，如图1-6所示。

（2）过热区。此区是热影响区中最高加热温度在1100℃以上至固相线温度区间的区域，如图1-6所示。该区域在焊接时，由于加热温度高，奥氏体晶粒急剧长大，形成过热组织，所以也称"粗晶粒区"，冷却以后形成粗大的铁素体和珠光体组织。因此使该区域的塑性和韧性大大降低，冲击韧性约下降25%~75%。对淬透性好的钢材，过热区冷却后得到淬火马氏体，脆性更大，所以过热区是热影响区中力学性能最差的部位。

（3）正火区。指热影响区中加热温度在A_3~1100℃之间的区间。该区温度虽较高，但加热时间较短，晶粒不容易长大。焊后空冷，金属将发生重结晶，得到晶粒较细的正火组织，所以该区域称为正火区，也称为细晶区或重结晶区。该区的组织比退火（或轧制）状态的母材组织细小，其力学性能优于母材。如图1-6所示。

（4）部分相变区。指热影响区中加热温度在A_1~A_3之间的区域。焊接加热时，首先珠光体向奥氏体转变，随着温度的进一步升高，部分铁素体逐步向奥氏体中溶解，温度愈高，溶入愈多，至A_3时，全部转变为奥氏体。焊接加热时由于时间较短，该区只有部分铁素体溶入奥氏体。焊后空冷，该区域得到由经过重结晶的细小铁素体和珠光体与未经重结晶的铁素体组成不均匀组织。所以该区也称为不完全重结晶区，如图1-6所示。该区晶粒大小不一，组织不均匀，因此力学性能稍差。

如果焊前母材为冷轧状态，则在加热温度A_1以下至500℃的区域内，还存在一个再结晶区域。处于再结晶区的金属，在加热过程中，将发生再结晶消除冷变形强化现象，即经过冷变形后的金属在再结晶温度下形成新的细小的等轴晶粒。若母材未经过冷变形，则该区不存在。

三、实验设备及试样

（1）金相显微镜及图像采集系统1套。

（2）Q235 和 Q345 焊接接头试样两种（采用相同的焊接参数施焊 2 组试样）。

（3）不同型号的金相砂纸若干。

（4）抛光机 1 台。

（5）吹风机 1 台。

（6）硝酸、酒精、脱脂棉、量杯、玻璃瓶、滴管等。

四、实验方法及步骤

（1）将制备好的试样切成 25mm×25mm 的试片，然后把试片四周用砂轮打磨去掉毛刺，并把四个角打磨成圆角。

（2）用不同粗细的砂纸打磨试样。打磨时，砂纸的使用由粗到细。试片磨完后用清水冲洗，然后进行抛光。

（3）用 4% 的硝酸酒精溶液腐蚀试样。

（4）将腐蚀好的试样在光学显微镜下进行观察与分析，测定热影响区的宽度，记录各区域的组织特征。并将数据填入表 1-10 中。

表 1-10　低碳钢焊接接头各区域组织和宽度

钢种	焊接线能量 /J·cm⁻¹	接头区域	母材	热 影 响 区			焊缝
				过热区	正火区	部分相变区	
低碳钢		组织					
		宽度/mm					
低合金钢		组织					
		宽度/mm					

五、实验结果分析

（1）拍摄并保存焊接接头的金相组织图片。

（2）分析低碳钢焊接接头各区域组织变化的特征，说明各组织生成的机理及对接头性能的影响。

六、思考题

（1）低碳钢焊接时，热影响区为什么会出现魏氏组织？

（2）焊缝组织是否有可能全部是等轴晶，为什么？

七、注意事项

（1）实验前，先认真阅读实验指导书的内容，并明确本次实验的目的和要求。

（2）在使用显微镜过程中，要严格防止镜头碰到试样表面。

（3）操作时，切勿口对目镜讲话，以免镜头受潮而模糊不清。

（4）已经腐蚀好的试样切勿用手触摸。

（5）实验完毕后，要关掉电源。

（6）实验过程中若遇设备不能正常使用，及时报告指导教师。

实验 6　斜 Y 坡口焊接冷裂纹试验

一、实验目的

(1) 掌握金属焊接性及其评定、分析方法。

(2) 掌握斜 Y 型坡口对接裂纹试验方法。

(3) 评定碳钢和低合金高强度钢焊接热影响区对冷裂纹的敏感性。

二、实验原理

焊接冷裂纹一般是在焊后冷却过程中，当温度达到 Ms 点附近或更低的温度区间内逐渐产生的，也有的会延长很长时间才会出现。它是由于拘束应力、淬硬组织和扩散氢的共同作用下产生，这三个因素在一定条件下是互相联系和相互促进的。

焊接冷裂纹倾向的测定方法很多，常用的有最高硬度法、斜 Y 型坡口对接裂纹试验法、刚性拘束裂纹试验、插销试验等。斜 Y 型坡口对接裂纹试验方法简便，是国际上采用较多的抗裂性实验方法之一。

由于斜 Y 形坡口焊接裂纹试验接头的拘束度比实际结构大，根部尖角又有应力集中，所以试验条件比较苛刻。对低合金钢，在这种试验中表面裂纹率不超过 20%（但不应有根部裂纹），在实际结构焊接时就不致产生裂纹。

三、实验装置及实验材料

(1) 直流电弧焊机 2 台。

(2) 游标卡尺 2 套。

(3) 试件材料：15CrMo 钢板，规格 200mm×75mm×20mm（板厚 δ 在 9～38mm 均可），4 块。

(4) 砂轮切割机 1 台。

(5) 焊条烘箱 1 台。

(6) 角向砂轮机 3 台。

(7) ϕ4mm 的焊条 E5515-B2（R307）若干。

(8) 渗透剂 1 瓶。

(9) 手持式放大镜 1 个。

四、实验方法及步骤

1. 试件制备

(1) 斜 Y 型坡口对接裂纹试验母材试板加工形状及尺寸如图 1-8 所示，钢材板厚 $\delta=$ 20mm，对接接头坡口用机械方法加工。

(2) 已放置较长时间的试件在焊接前清理表面油污和铁锈。

(3) 酸性焊条 150℃烘干 1h，碱性焊条 350℃烘干 1h。

2. 施焊

（1）按图 1-8 装配，保证中间待焊试样焊缝处有 2mm 间隙。

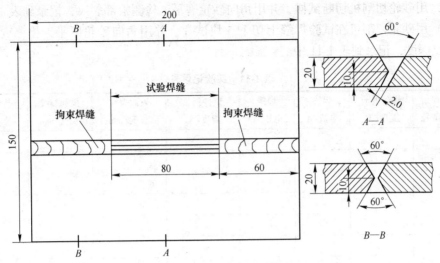

图 1-8　斜 Y 形坡口对接试件的形状及尺寸

（2）试板两端各在 60mm 范围内施焊拘束焊缝，采用双面焊，注意防止角变形和未焊透。若采用焊条电弧焊施焊时，采用 φ4mm 的 R307 焊条，焊接电流 170±10A，焊接电压 24±2V，焊接速度 150±10mm/min。焊拘束焊缝时防止出现裂纹。

（3）试验焊缝焊接。用 φ4mm 的 R307 焊条，焊接电流 170±10A，焊接电压 24±2V，焊接速度 150±10mm/min，焊缝如图 1-9 所示。试验焊缝只焊一道，运条要均匀，电弧要保持平稳，焊条不做横向摆动，焊条与工件夹角 75°，收弧处不得有弧坑裂纹。

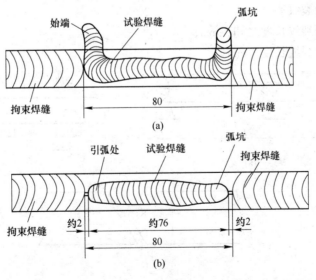

图 1-9　试验焊缝

（a）采用手工焊时试验焊缝；（b）采用焊条自动送进装置时试验焊缝

（4）焊完后的试件经自然冷却 24h。

3. 试样制备

（1）清理试板表面焊渣，测量表面裂纹，记录到表 1-11 中。

（2）用砂轮切割机切断试样，并用角向砂轮磨平，检测根部裂纹，记录到表 1-11 中。

（3）用砂轮切割机在试验焊缝上切下 5 块试片，并用角向砂轮磨平，检测 5 个断面上的裂纹深度，记录到表 1-11 中。

表 1-11　实验记录表

母材	焊条牌号	焊条烘干温度/℃	焊接电流/A	焊接电压/V	试件预热温度/℃	表面裂纹长度/mm	根部裂纹长度/mm	断面裂纹长度/mm

五、实验结果分析

（1）表面裂纹率根据图 1-10（a）按式（1-3）计算：

$$C_f = \sum l_f / L \times 100\% \tag{1-3}$$

式中　C_f——表面裂纹率，%；

　　　$\sum l_f$——表面裂纹长度之和，mm；

　　　L——试验焊缝长度，mm。

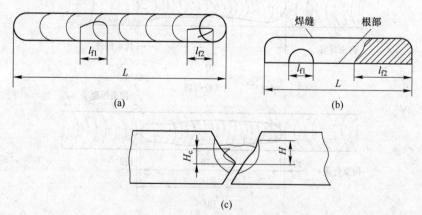

图 1-10　试样裂纹长度计算

(a) 表面裂纹；(b) 根部裂纹；(c) 断面裂纹

（2）根部裂纹率根据图 1-10（b）按式（1-4）计算：

$$C_r = \sum l_r / L \times 100\% \qquad\qquad (1\text{-}4)$$

式中　C_r——根部裂纹率，%；

　　$\sum l_r$——根部裂纹长度之和，mm；

（3）断面裂纹率根据图 1-10（c）按式（1-5）计算：

$$C_s = \sum H_s / \sum H \times 100\% \qquad\qquad (1\text{-}5)$$

式中　C_s——断面裂纹率，%；

　　$\sum H_s$——5 个断面上裂纹深度之和，mm；

　　$\sum H$——5 个断面焊缝最小厚度之和，mm。

六、思考题

（1）如果在试验过程中裂纹指标超过了标准，是否意味着试验失败？此时应采取什么措施加以防治，为什么？

（2）斜 Y 形坡口焊接裂纹试验与插销试验相比，各自有哪些优缺点？

七、注意事项

（1）根据强度等级选择合适的焊接材料。

（2）进行本实验操作时，要听从指导教师的安排，不要随意触碰其他设备。

（3）实验过程中，要注意设备用电安全。实验完成后，关闭焊接电源、照明设备等动力；并打扫干净实验场地。

实验 7　焊接热裂纹实验

一、实验目的

（1）了解热裂纹的一般特征及形成条件。

（2）初步掌握压板对接（FISCO）焊接裂纹试验方法。

（3）了解焊缝中合金元素 C、S、Mn 等含量对产生热裂纹的影响。

（4）学会使用压板对接（FISCO）试验装置。

三、实验装置及实验材料

（1）压板对接（FISCO）试验装置 1 套。

（2）熔化极氩弧焊机（MIG）1 台。

（3）Q235、16Mn、纯 Al 板各 2 块，规格为 200mm×240mm×（5~8）mm。

（4）焊条 E4303（即 J422），直径为 3.2mm 若干根。

三、实验原理

焊接热裂纹是在高温下形成的，其特征大多数是沿奥氏体晶界开裂和扩展的。被焊金属材料不同（低合金高强钢、不锈钢、铸铁、铝合金和某些特种金属等），产生热裂纹的形态、温度区间和影响因素等也不同。就目前的认识水平，通常将焊接热裂纹分为结晶裂纹、液化裂纹和多边化裂缝。

热裂纹是一种经常发生而又危害严重的焊接缺陷，其产生与母材和焊接材料有关。焊缝熔池金属在结晶时，由于存在 S、P 等有害元素（如形成低熔点共晶物）并受到较大的热应力作用，可能在结晶末期产生热裂纹，这类裂纹是焊接中必须要避免的一种缺陷。焊缝金属抵抗产生热裂纹的能力常被作为衡量金属焊接性的一项重要内容。通常通过热裂纹敏感指数和热裂纹试验来评定焊缝的热裂纹敏感性。常用的判断材料焊接热裂纹试验方法主要有可变刚性裂纹试验、压板对接（FISCO）焊接裂纹试验、可调拘束裂纹试验。本实验是采用压板对接（FISCO）焊接裂纹试验来评定的。

四、实验方法及步骤

1. 试件制备

试样形状及尺寸如图 1-11 所示。采用机械切削加工将坡口形状加工成 I 形，厚板时可用 Y 形坡口。为避免焊接部位氧化皮的影响，试样对接坡口附近表面要打磨干净或进行机械切削加工。

试验装置由 C 形拘束框架、齿形底座以及紧固螺栓等组成，如图 1-12 所示。

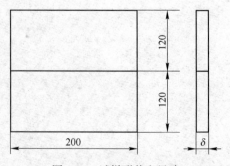

图 1-11　试样形状和尺寸

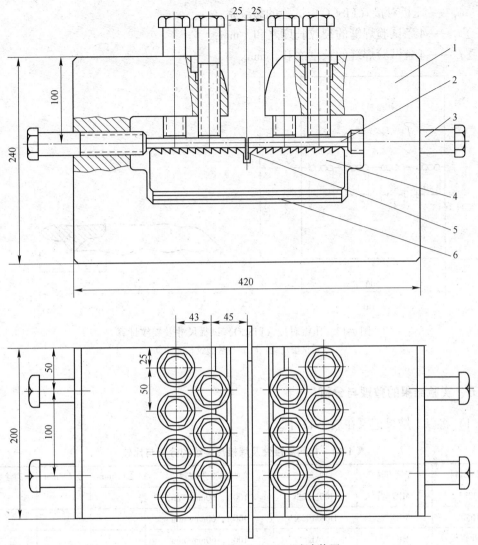

图 1-12　压板对接（FISCO）试验装置

1—C 形拘束框架；2—试板；3—紧固螺栓；4—齿形底座；5—定位塞片；6—调节板

2. 试验步骤

将试样安装在试验装置中，在试件坡口两端按试验要求装入相应尺寸的定位塞片，以保证坡口间隙（变化范围为 0 ~ 6mm）。先将横向螺栓紧固，再将垂直方向的螺栓用指针式钮力扳手紧固，按图 1-13（a）所示顺序焊接 4 条长度约 40mm 的试验焊缝，焊缝间距约 10mm，焊接电流选 100 ~ 120A，焊接速度保持在 60 ~ 100mm/min 左右，弧坑不必填满。焊后经 10min 将试样从装置上取出，待试件冷却至室温后，将试板沿焊缝纵向弯断，检查焊缝及热影响区有无裂纹等缺陷，并测量裂纹长度，如图 1-13（b）所示。

3. 裂纹率计算方法

对 4 条焊缝断面上测得的裂纹长度按式（1-5）计算其裂纹率，即：

$$C_f = \frac{\sum l_i}{\sum L_i} \times 100\% \tag{1-5}$$

式中 C_f——压板对接（FISCO）试验的裂纹率，%；

  $\sum l_i$——4 条试验焊缝的裂纹长度之和，mm；

  $\sum L_i$——4 条试验焊缝的长度之和，mm。

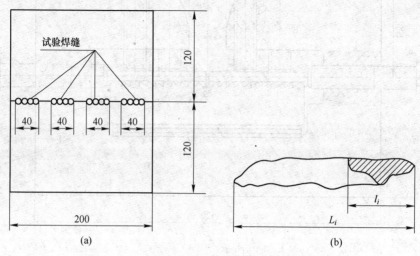

图 1-13 压板对接（FISCO）试板尺寸及裂纹计算

（a）试板尺寸；（b）焊缝裂纹长度计算

五、实验结果的整理与分析

（1）将以上结果记录在表 1-12 中。

表 1-12 材料焊接性及焊接热裂纹的分析与比较

试件材料	焊接方法	焊丝	焊接工艺参数	$\sum l_i$/mm	$\sum L_i$/mm	裂纹率
Q235	MIG 焊	H08Mn2Si	100A，60mm/min			
16Mn	MIG 焊	H08Mn2Si	100A，60mm/min			
工业铝板	MIG 焊	AL	100A，60mm/min			
Q235	MIG 焊	H08Mn2Si	100A，100mm/min			
16Mn	MIG 焊	H08Mn2Si	100A，100mm/min			

（2）根据实验结果分析哪些材料好焊，哪些材料不易焊？原因是什么？怎样改善材料的焊接性？

六、思考题

（1）与可调拘束裂纹试验相比，压板对接（FISCO）试验有何优缺点？

（2）焊接热输入对焊接热裂纹的影响如何？

七、注意事项

（1）焊接操作者要穿劳保服、戴焊工手套，以免烫伤；同时焊接过程要注意通风除尘。

（2）实验完成后，关闭焊接电源、照明设备等动力，并打扫干净实验场地。

实验8　不锈钢焊接接头的晶间腐蚀实验

一、实验目的

（1）了解不锈钢焊接接头各组成部分及显微组织特征。

（2）熟悉焊接接头晶间腐蚀的常用测试方法。

（3）了解1Cr18Ni9Ti不锈钢产生晶间腐蚀的机理。

二、实验装置及实验材料

（1）C法电解浸蚀装置1套。

（2）金相显微镜1台。

（3）吹风机1个。

（4）10%草酸（$C_2H_2O_4 \cdot 2H_2$）水溶液1000mL。

（5）1Cr18Ni9Ti（或1Cr18Ni9）钢手弧焊或TIG焊试片40mm×20mm×（1.5～3）mm，6对。

（6）秒表1只。

（7）乙醇、丙酮、棉花、各号金相砂纸等若干。

三、实验原理

晶间腐蚀是沿晶粒边界发生的腐蚀现象。现以18-8型奥氏体不锈钢中最常用的含稳定元素的1Cr18Ni9Ti钢为例，来讨论晶间腐蚀的问题。

1Cr18Ni9Ti钢含0.02%C和0.8%Ti。碳在室温奥氏体中的最大溶解度低于0.03%，多余的碳则通过固溶处理与钛结合形成稳定的碳化物TiC。由于钛对碳的固定作用，避免了在晶界形成碳化铬，从而防止了晶间腐蚀的产生。故1Cr18Ni9Ti钢具有抗晶间腐蚀能力，一般不会产生晶间腐蚀现象。

然而在焊接接头中，情况有所不同。奥氏体不锈钢的焊接接头，通常可分为以下几个区域（见图1-14）。

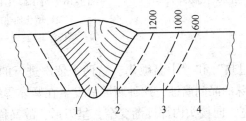

图1-14　奥氏体不锈钢焊接接头各区示意图

1—焊缝金属；2—过热区；3—敏化区；4—母材金属

（1）焊缝金属。主要为柱状树枝晶，是单相奥氏体组织还是γ+δ双相组织，将取决于母材和填充金属的化学成分。

（2）过热区。加热超过 1200℃ 的近缝区，晶粒有明显的长大。

（3）敏化区。加热峰值温度在 600~1000℃ 的区域，组织无明显变化。对于不含稳定化元素的 18-8 钢，可能出现晶界碳化铬的析出。产生贫铬层，有晶间腐蚀倾向。

（4）母材金属。对于含稳定化元素的 18-8 钢，如 1Cr18Ni9Ti 钢，峰值温度超过 1200℃ 的过热区发生 TiC 分解量越大，从而使稳定化作用大为减弱，甚至完全消失。在随后的冷却过程中，由于碳原子的体积很小，扩散能力比钛原子强，碳原子趋于向奥氏体晶界扩散迁移，而钛原子则来不及扩散仍保留在奥氏体点阵节点上。因此，碳原子析集于晶界附近成为过饱和状态。

当上述过热区再次受到 600~800℃ 中温敏化加热或长期工作在上述温度范围时，碳原子优先以很快的速度向晶界扩散。此时，铬原子的扩散速度虽比碳原子慢，但比钛原子快，且浓度也远比钛高，因而易于在晶界附近形成铬的碳化物 $(Fe, Cr)_{23}C_6$。温度愈高，TiC 分解后合金元素碳和铬的固溶量愈多，碳化物析出量愈大（见图 1-15）。上述碳化物的铬、碳含量很高，但晶粒内部铬的扩散速度比碳的扩散速度慢，所以在形成铬的碳化物时，富集在晶界的碳与晶粒表层的铬结合以后，晶粒中的铬不能及时均匀化，致使靠近晶界的晶粒表面一个薄层严重缺铬，铬的浓度低于临界值 12%（见图 1-16）。此时，奥氏体晶粒内和晶界碳化物（见图 1-16 中的 1、2 部分）由于含铬量高而带正电位，而贫铬层（见图 1-16 中的 3 部分）由于含铬量低于 12% 而带负电位。如果将这种具备电化学腐蚀条件的焊接接头放入腐蚀介质中，带负电位的贫铬层就会成为被消耗的阳极而遭受腐蚀。

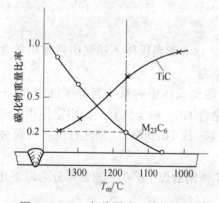

图 1-15　18-8 钢热影响区碳化物分布

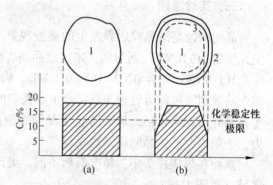

图 1-16　析出碳化物对晶界处铬浓度的影响
（a）敏化加热前；（b）敏化加热后
1—奥氏体晶粒；2—晶界处碳化物；3—贫铬层

这样，由于"高温过热"和"中温敏化"这两个依次进行的热作用过程，造成了含稳定化元素的 18-8 钢特殊的晶间腐蚀，这种腐蚀只发生在紧靠焊缝的过热区 3~5 个晶粒范围，在工件表面上较宽，向接头内部逐渐变窄，呈刀形，故又称"刀蚀"。预防措施：

1）采用超低碳不锈钢，含碳量希望小于 0.06%。

2）在工艺上，尽量减小近缝区过热，特别要避免在焊接过程中就产生"中温敏化"的加热效果。

由此可见，"高温过热"和"中温敏化"是产生刀蚀的必要条件。对于焊接接头，"高温过热"这一条件是由焊接热作用过程自然形成的，因此只需要进行一次"中温敏化"处理，就可根据《不锈耐酸钢晶间腐蚀倾向试验方法》（GB 1223—75）进行晶间腐蚀试验。

四、实验方法及步骤

无论是晶间腐蚀还是刀口腐蚀，都是经过腐蚀介质作用之后才发生的。为了确定产品在使用条件下是否有足够的抗晶间腐蚀和抗刀蚀的能力，必须在产品焊接之前，先用相同的材料在相同的工艺条件下焊出试样，经腐蚀试验合格后再正式投产。腐蚀试验最理想的方法，是在产品实际工作条件下（包括工作温度、介质等）进行长时间的试验，但由于周期太长，故通常是在实验室进行小型试样的加速试验。

1. 试验方法

根据《不锈耐酸钢晶间腐蚀倾向试验方法》（GB 1223—75）知道晶间腐蚀倾向的方法共有五种，对于 18-8 钢主要采用 C 法、T 法和 X 法三种试验方法。

（1）C 法。草酸电解浸蚀试验，又称草酸阳极腐蚀试验，实验装置如图 1-17 所示。图中不锈钢容器接电源的负极。若采用玻璃烧杯作为容器，则负极端接一厚度为 1mm 左右的不锈钢薄板，并放置于杯底，腐蚀液采用 10% 的草酸水溶液。该试验简单、方便、迅速，一般不超过两分钟，但不如其他试验方法严格，常作为其他试验方法前的筛选试验方法（不适用于含钼、钛的不锈耐酸钢），也可作为独立的无损检验方法。

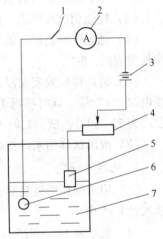

图 1-17 实验装置图

1—开关；2—电流表；3—直流电源；
4—变阻器；5—试样；
6—阴极；7—草酸溶液

（2）T 法。铜屑、硫酸铜和硫酸沸腾试验。该试验方法是将规定尺寸的试样放在加有铜屑的硫酸铜和硫酸的水溶液中沸腾 24h，然后弯曲成 90°，用 10 倍放大镜观察，以不出现横向裂纹为合格，或在金相显微镜下观察，如发现晶间有明显的腐蚀痕迹，即为有晶间腐蚀倾向。

（3）X 法。硝酸沸腾试验。该试验方法是将试片放在 65% 沸腾硝酸中，每周期沸腾 48 小时，试验三个周期。每周期试验后取出试样，刷洗干净、干燥、称重。然后按式（1-6）计算腐蚀速度，以其中最大者为准。

$$S = 0.128 \frac{\Delta W}{A \cdot d} \qquad (1\text{-}6)$$

式中 S——腐蚀速度，mm/a；

ΔW——每周期试样失重，g；

A——试样表面积，m^2；

d——试样密度，g/cm^3；

$S > 2mm/a$ 时不合格。

T 法和 X 法分别为国际通用的 B 法和 E 法，试验条件严格，需要一定的专门装置，试验周期较长，因此一般常用 C 法进行试验。当 C 法试验评定认为有问题时，进一步做 T 法或 X 法试验，并以 T 法或 X 法试验结果为准。对于 18-8 钢焊接接头，由于母材一般已经过晶间腐蚀试验评定合格，故可采用C法与母材同时进行对比试验。

2. 实验步骤

（1）试样制备：从同一钢板上取材，按表1-13要求制备试样（焊条电弧焊焊条为A132，焊接电流为90A）。

表1-13　腐蚀试样的制备及试样尺寸

类别	试样数量 /个	试样尺寸/mm			说　明
		长	宽	厚	
母材	2	40~60	20	≤5	沿轧制方向选取
单条焊缝	2	40~60	20	≤5	焊缝位于试样中部
交叉焊缝	4	40~60	30	≤5	焊缝交叉点位于试样中部

（2）试样进行"中温敏化"处理，加热至650~700℃，保温1~2h。

（3）用砂轮或锉刀将试片表面加工，去掉棱角。

（4）按金相试片要求，用各号砂纸将试样检验表面磨平磨光，并用水冲洗干净。

（5）抛光试样表面，表面粗糙度不高于0.8μm，用水冲净，再用棉花酒精或丙酮擦净检验表面，吹干。

（6）将试样检验表面浸入10%草酸溶液（把100g草酸溶于900mL蒸馏水中），试件接电源"+"端，同时接通电路。电流密度按试样检验表面积计算为1A/cm²，试验溶液温度为20~50℃，试验时间1.5~2min。

（7）取出试样用水冲洗净，用酒精或丙酮擦净检验表面，吹干。

3. 观察与评定

（1）用金相显微镜观察试样浸蚀表面，放大倍数为150~500倍，画出金相组织图，填入表1-15中。

（2）根据表1-14和图1-18判断组织类别。

表1-14　晶界形态分类

类别	名　称	组织特征
一类	阶梯组织（见图1-18（a））	晶界清晰，无腐蚀沟，晶粒间呈台阶状
二类	混合组织（见图1-18（b））	晶界有腐蚀沟，但没有一个晶粒被腐蚀沟包围
三类	沟状组织（见图1-18（c））	晶界有腐蚀沟，个别或全部晶粒被腐蚀沟包围
四类	游离铁素体组织（见图1-18（d））	焊接接头晶界无腐蚀沟，铁素体被显现
五类	连续沟状组织（见图1-18（e））	焊接接头沟状组织很深，并形成连续沟状组织

（3）将实验数据填入表1-15中。

表1-15　实验数据记录表

试样 状态	试样面积 /cm²	电流密度 /A·cm²	浸蚀时间 /s	溶液温度 /℃	组织形貌描述 及示意图	判定 结果	备注

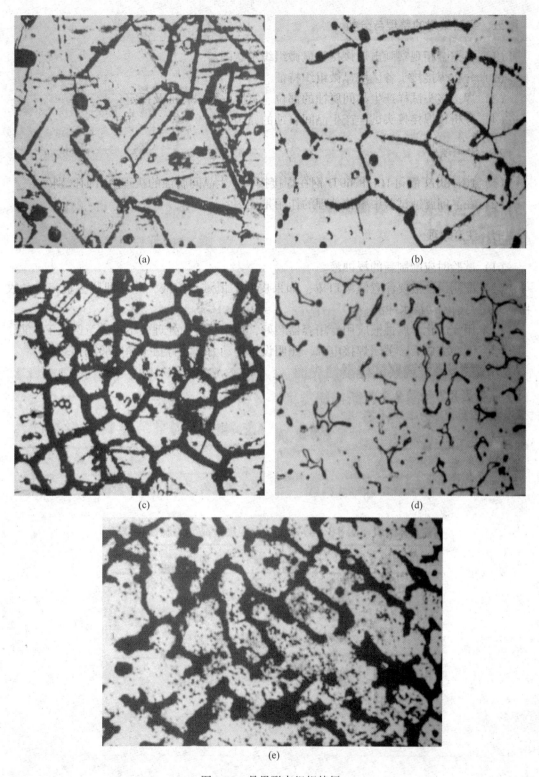

图 1-18　晶界形态组织特征

（a）阶梯组织（一类）；（b）混合组织（二类）500×；（c）沟状组织（三类）500×；

（d）游离铁素体组织（四类）250×；（e）连续沟状组织（五类）250×

五、实验结果的整理与分析

（1）根据金相观察画出焊接接头显微组织示意图。

（2）分析焊接接头各区域显微组织特征。

（3）焊接接头试样产生晶间腐蚀的部位、宽度、组织特征及评定。

（4）分析该焊接接头试样产生晶间腐蚀的原因。

六、思考题

（1）1Cr18Ni9 钢和 1Cr18Ni9Ti 钢在焊接接头产生晶间腐蚀的机理上有何区别？

（2）在晶间腐蚀试验中敏化处理的作用是什么？

七、注意事项

（1）试验时应配制新的浸蚀液。

（2）配制浸蚀液要注意佩戴口罩，如果皮肤不慎溅到溶液，应立即脱去被污染的衣物，并用大量流动清水冲洗。

（3）用完的化学腐蚀液应用专用容器装好，待学校集中处理，不可随意倒入下水道。

（4）实验完成后，关闭焊接电源、照明设备等动力，并打扫干净实验场地。

2 焊接电源实验

实验 1 焊接电弧静特性测定

一、实验目的

（1）通过对 TIG 焊电弧静特性的实验测试和数据分析处理，了解焊接电弧的结构特点及焊接电弧静特性的形状特征；观察大、小电弧形态，深入了解弧焊电源电弧静特性概念的含义。

（2）熟悉电弧长度对电弧电压的影响，深入理解影响电弧静特性的因素。

（3）掌握各种弧焊方法在电弧静特性形状中的工作区域。

二、实验原理

在电极材料、气体介质和弧长一定的情况下，电弧稳定燃烧时，其电弧电压 U_f 和电流 I_f 之间的关系 $U_f = f(I_f)$ 称为焊接电弧的静态伏安特性，也称为伏—安特性。当焊接电流在很大范围内变化时，焊接电弧的静特性曲线是一条呈 U 形的曲线，故也称为 U 形特性。电弧的静特性曲线如图 2-1 所示。由图可以看出，电弧电压值在不同的电流范围内是不相同的，即电弧的电阻随电流的改变而改变，它包含下降特性、平特性和上升特性三个区。焊接电弧的静特性曲线的呈 U 形特性主要是由阴极区、弧柱区和阳极区的导电机

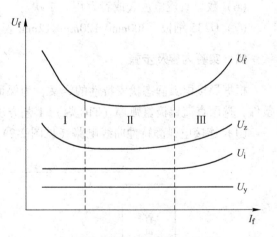

图 2-1　焊接电弧的静特性曲线

构决定的。电弧压降是由电弧的阴极区压降 U_i、弧柱压降 U_z 和阳极区压降 U_y 三部分组成，可用式（2-1）表示：

$$U_f = U_{i} + U_y + U_z \tag{2-1}$$

如果将弧柱区近似地看成是一个均匀导体，弧柱压降 U_z 可以用式（2-2）表示：

$$U_z = I_f(l_z/s_z\gamma_z) = j_z(l_z/\gamma_z) \tag{2-2}$$

式中　I_f——焊接电流；

　　　l_z——弧柱长度；

　　　s_z——弧柱截面积；

γ_z——弧柱电导率；

j_z——弧柱的电流密度。

由式（2-2）可以看出，弧柱电压降 U_z 与电流密度 j_z 成正比，而与电导率 γ_z 成反比，弧柱区、阴极区和阳极区压降与电流的关系分别如图 2-1 中的 U_z、U_i 和 U_y。

弧柱电压降可分三段来讨论。在 Ⅰ 区（下降段）内，电弧电流较小。当电流 I_f 增加时，弧柱温度和电离度增加，使 γ_z 增大，同时弧柱截面积 s_z 也增加，且 s_z 比电流 I 增加得快，使 j_z 减小，结果使电弧电压 U_z 在 Ⅰ 区内下降，因此该曲线呈下降特性。在 Ⅱ 区内，随 I_f 继续增加时，此时弧柱的电导率随温度的增加已达到一定程度，不再增加；s_z 与 I_f 同倍数扩大，J_z 保持不变，所以，此区内电弧电压不随电流的增加发生明显变化，曲线呈水平特性。当 I_f 更大至 Ⅲ 区内时，s_z 已不能再扩大，但 j_z 要增大，势必造成 U_z 的增加，其结果在 Ⅲ 内电弧电压随电流的增大而增加，曲线呈上升特性。

三、实验装置及材料

（1）TX400 焊机 1 台。

（2）99.99%氩气 1 瓶。

（3）流量计 1 个。

（4）弧长调节板 1 块。

（5）数显直流电压表或者万用表 1 块。

（6）数显直流电流表或者万用表 1 块。

（7）Q235 钢板：300mm×120mm×12mm 若干块。

四、实验内容及步骤

根据焊接电弧静态伏安特性的定义，为保证实验过程中一定弧长电弧稳定燃烧的基本条件，选用直流钨极氩弧焊（TIG 焊）工艺方法进行实验。

（1）连接电弧静特性曲线电路（见图 2-2）。

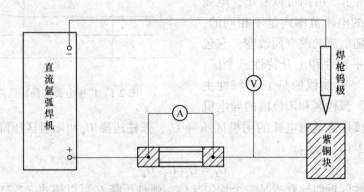

图 2-2 测定电弧静特性曲线电路图

（2）熟悉实验中使用的设备及仪表。

（3）测定弧长为 L_1 的钨极氩弧焊的电弧静特性曲线。

1）使用弧长调节板，调整弧长 L_1 为一定值。

2）启动焊机，将焊机置于氩弧焊功能上，按住开关，引燃电弧。

3）调节焊机，记录不同的电弧电流 I_1 及相应的电弧电压 U_1，共测定 5 点，填表 2-1 中。

表 2-1　一定弧长的电弧电压和电流（钨极直径 2.4m）

弧长/mm	2	氩气 流量/L	12~16	电源 极性	直流正接
设置电流/A	30	50	70	90	110
测试电流/A					
测试电压/V					

（4）改变电弧长度，重复步骤 3 的过程，将结果填写在表 2-2 中。

表 2-2　一定弧长的电弧电压和电流（钨极直径 2.4mm）

弧长/mm	5	氩气 流量/L	12~16	电源 极性	直流正接
设置电流/A	30	50	70	90	110
测试电流/A					
测试电压/V					

（5）测定弧长 L 与电弧电压 U 的关系（$I = 100A$）。使用弧长调节板调整弧长 L 为下表的值，启动焊机，按控制开关引弧，测定并记录各对应的电弧电压值，共测五个点，将数据记录在表 2-3 中。

表 2-3　一定电流时电弧电压和电流（钨极直径 2.4mm）

设定电流值/A	100	氩气 流量/L	12~16	电源 极性	直流正接
弧长 L/mm	2	3	4	5	6
测试电流/A					
测试电压/V					

五、实验结果整理及分析

（1）按不同弧长时对应的电弧电压和电流数值，取电弧电流为横坐标，电弧电压为纵坐标，绘出电弧静特性曲线。

（2）电流恒定时，绘制电弧电压与弧长的关系曲线。

六、思考题

（1）用 TX400 焊机进行 TIG 焊，设置焊接电流原理上是通过改变什么来实现的？焊接电压的控制方法是什么，原理是通过改变什么来实现的？

（2）说明电弧静特性曲线的形状特点，并分析其原因。影响电弧静特性曲线有哪些因素？

（3）从 U 和 L 的关系曲线导出其近似关系式，求出 a 和 b 值，并说明式中各项物理含义。

注：电弧电压 U 和电弧长度 L 的近似关系可以看成直线方程：$U=a+bL$。

七、安全注意事项

（1）电极材料要选用铈钨棒或钇钨棒等不含放射性元素的材料。

（2）防止臭氧等有害气体，在工作区必须有良好的通风设备。

（3）穿戴好劳保用品，起弧焊接时要告知周边的同学防止强烈的弧光伤眼。如果弧光伤眼，一般不用紧张，晚上眼睛会有刺痛感，过一两天会自愈，情况严重时要及时就医。

实验2 弧焊电源的构造及外特性测定实验

一、实验目的

（1）认识交流变压器的一般结构和特点。

（2）熟悉 BX1-500 的外特性曲线和调节特性。

（3）测定弧焊变压器的外特性和调节特性，并掌握测定一般交流弧焊电源外特性的方法。

二、实验原理

电弧焊时，弧焊电源与电弧组成一个供电与用电系统，在系统稳定工作状态下，改变负载时，电源输出的电压稳定值 U_y 与输出电流稳定值 I_y 之间的关系 $U_y = f(I_y)$ 称为电源的外特性。电源外特性曲线与电弧静特性曲线必须满足"电源—电弧"系统的稳定条件，才能够保证电弧稳定燃烧。因此，不同的焊接工艺（对应不同的电弧静特性）需要不同外特性的焊接电源才能保证焊接工艺稳定。为满足焊接的要求，弧焊电源的外特性曲线的形状大体有三种类型，如图 2-3 所示，分别是下降外特性、平外特性和双阶梯形外特性。

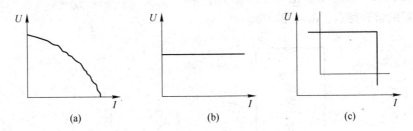

图 2-3 弧焊电源外特性曲线的形状

（a）下降外特性；（b）平外特性；（c）双阶梯形外特性

弧焊变压器一般具有下降外特性的降压变压器。其工作原理和一般电力变压器相同，为满足弧焊工艺的要求，弧焊变压器要求具有一定的空载电压 U_0（如焊条电弧焊 $U_0 = 55 \sim 70V$，埋弧焊 $U_0 = 70 \sim 90V$）。手弧焊保持恒定的弧长是困难的，只有当弧长变化时焊接电流变化很小，才能保证电弧的稳定燃烧和焊接规范的稳定。要满足此条件，手弧焊需要具有陡降的外特性。具体方法是在焊接回路中串联一个外加电抗器或增大弧焊变压器自身的漏抗。

焊接时，由于工件的厚度及所选用的焊条直径不同，要选用不同的焊接电流。要求弧焊电源应具有多条外特性曲线族，以便和电弧静特性曲线相交得到一系列稳定工作点，这种可调节的性能就是弧焊电源的调节特性。

三、实验装置及材料

（1）BX1-500 焊机或其他型号的交流焊机各 1 台。

（2）短路开关 1 个。

（3）数显交流电压表或者万用表（0~100V）1块。

（4）数显交流电流表或者万用表（0~1000A）1块。

（5）辅助工具一套及导线若干。

四、实验内容及步骤

（1）学生实验前先预习实验指导书，然后在上课时指导教师结合实验设备讲解设备的结构与组成、实验目的及操作安全规程。

（2）结合 BX1-500 设备说明书，了解设备其主要技术参数，熟悉焊接电源前面板上的各按钮、旋钮及指导仪表的功能和作用。

（3）打开交流弧焊变压器的侧面板和顶盖，观察 BX1-500 型弧焊变压器的构造（见图2-4），认识内部电路结构，了解和掌握初、次级绕组分布的特点和绕组的接线，电流调节机构和电流大挡、小挡粗调的连接方法。

（4）测定弧焊变压器的外特性：

1）按照图 2-5 接好实验电路。图中 CJ_1 和 CJ_2 是接触器的常开触点，R 是变阻器。

图 2-4　BX1-500 交流弧焊变压器

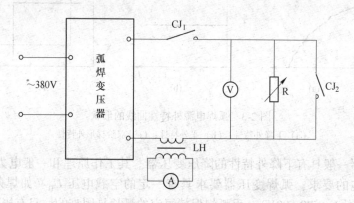

图 2-5　实验接线图

2）检查接线无误后，合上主电源，并将弧焊电源调到最小焊接电流的位置，电阻箱的所有闸刀都断开，记下此时的电压表读数。

3）将焊钳夹到钢板上造成瞬时短路，记下电流表读数，然后迅速断开。

4）依次合上电阻箱闸刀，使电源输出电流依次递增，每调整一次就记下输出端的电流 I_f 和端电压 U_f 的值，将结果填写在表2-4中。

5）分别将弧焊电源的输出电流调到中间挡和最大挡，重复2、3、4的过程。

五、实验结果整理及分析

（1）实验时仔细观察弧焊电源外观，熟悉面板上各种按钮、旋钮、指示仪表的功能和作用，画出焊机的简单原理图及实验线路图。

表 2-4 焊机调到不同挡位时的外特性数值

次数		1（空载）	2	3	4	5	6	7	8	9	10	11	12（短路）
小档	U_f/V												
	I_f/A												
中档	U_f/V												
	I_f/A												
大档	U_f/V												
	I_f/A												

（2）用 Excel 处理测试数据并绘制曲线，并结合理论知识，画出大、中、小规范位置时的焊机外特性曲线；按 $U_f = 20 + 0.04 I_f$，绘制规定负载特性，测出电流调节范围，并标识在该图上。

六、思考题

（1）弧焊变压器由哪几部分组成，它能实现何种外特性？

（2）分析所测弧焊电源的外特性调节原理与调节方式。

七、安全注意事项

（1）穿戴好劳保用品，起弧焊接时要告知周边的同学防止强烈的弧光伤眼。

（2）在测量短路电流时，有可能因为电流太大而在切断过程中引起电弧而导致严重的事故。此时，要果断拉下弧焊变压器初级侧的开关来切断电源，避免出现问题。

实验 3 晶闸管弧焊整流电源结构与工作原理

一、实验目的

（1）通过对晶闸管弧焊电源的拆卸、仔细观察与重新装配，深入了解晶闸管弧焊电源的基本结构。

（2）深入学习并理解带平衡电抗器双反星形可控整流电路的基本电路形式。

（3）掌握晶闸管弧焊电源的基本工作原理，以及晶闸管式弧焊整流器外特性的控制方法。

二、实验原理

晶闸管式弧焊电源是目前实际工程中应用最多的电子控制弧焊电源之一。既有下降外特性的晶闸管式弧焊整流器，也有干线外特性的晶闸管式弧焊整流器。可以用于焊条电弧焊、钨极氩弧焊、CO_2 气体保护焊、熔化极氩弧焊、埋弧焊等各种弧焊方法。

晶闸管弧焊整流器由电子功率系统和电子控制系统组成，如图 2-6 所示。电子功率系统又称弧焊电源的主电路，由主变压器 T、晶闸管整流 UR 和直流输出电感 L 组成。AT 为晶闸管的触发脉冲电路，C 为电子控制电路。

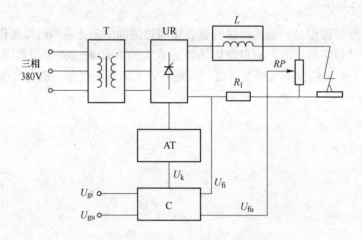

图 2-6 晶闸管弧焊整流器原理框图

晶闸管式弧焊整流器的电子功率系统主要由变压器及晶闸管整流器构成。变压器的作用是将电网的三相电压降到焊接电弧需要的电压范围，但电源频率不变。同时．其外特性由电子控制系统通过反馈过程来实现，变压器本身不再需要额外增强漏磁，属于普通的电力变压器，设计与制造简单。根据电弧焊的负载特点，晶闸管式三相整流电路的形式主要有三相桥式半控、三相桥式全控、六相可控半波和带平衡电抗器的双反星形可控整流电路等四种。在实际产品中，以三相全控桥式和带平衡电抗器的双反星形两种应用较为广泛。

晶闸管需要有可靠的冷却系统来保证其不会因为发热而烧损。冷却主要有强制水冷和风冷两种方式。在弧焊电源中，一般采用强制风冷方式对晶闸管进行冷却，散热器和风扇冷却系统占了整个焊机内部的近一半的空间。变压器、输出电抗器和平衡电抗器则占据了另一半的空间。控制系统尽管很复杂但只占很少一部分空间，一般都封闭在一个金属盒子内以提高抗干扰能力。

由于采用反馈控制，可以实现各种外特性，特别是能够实现用于手工电弧焊的恒流带外拖的理想外特性。

弧焊电源的调节特性是其三大基本特性之一。它决定了焊机的电流和电压的实际调节范围，是一项重要的技术指标。所谓调节特性，是指在约定负载特性条件下，弧焊电源在最大输出与最小输出位置所能获得的电流/电压调节范围。

三、实验装置及材料

（1）晶闸管弧焊电源 1 台。
（2）万用表 1 个，钳形电压电流表 1 个。
（3）焊接专用服装，手套，面罩。
（4）焊接工件（废钢板）1 块。
（5）CHE422 焊条若干。
（6）拆装焊接电源用不同型号扳手若干。

四、实验内容及步骤

（1）首先观察焊机的操作面板，认识每个操作按钮的作用及调节方法。
（2）小心拆装晶闸管弧焊电源，仔细观察内部的结构，认识并分别找出变压器、晶闸管组、输出电抗器、控制模块、风扇等基本部件。
（3）画出晶闸管弧焊电源的主电路。
（4）开启电源，测量晶闸管弧焊电源的空载电压。
（5）调节焊接规范，观察晶闸管输出电压的变化与 CO_2 气体保护焊的特点。
（6）调节焊接规范，晶闸管输出电压的变化与 CO_2 气体保护焊的特点。
（7）装配好弧焊变压器，打扫焊接试验现场，待指导教师同意后离开实验室。

五、实验结果整理及分析

（1）实验过程数据详细记录在表 2-5 中。
（2）根据对焊机结构的观察，简要描述出该焊机的基本性能并绘制出其主电路结构图，完成实验后写出实验分析报告并且上交。

表 2-5　实验电压、电流记录表

调节电压/电流	实测电压/电流

六、思考题

（1）最大短路电流和最大额定电流以及最小短路电流和最小额定电流之间是什么关系？

（2）晶闸管弧焊整流器主电路由哪些电路（电子元器件）组成？控制电路应包括哪些功能电路？

七、安全注意事项

（1）在打开机箱盖观察内部结构之前要确保焊机没有通电。

（2）在大电流挡时，特别是在测量短路电流时，焊机不可长时间通电，以防止电阻箱及焊机发热严重而烧毁；在测试短路电流时，由于电流过大，焊机或电阻箱可能会发出烧焦的气味或冒烟等故障，不要惊慌．立即切断电源，并由实验指导老师检查设备是否完好，以决定实验是否继续进行。

实验 4　弧焊变压器的拆装与工作原理分析

一、实验目的

（1）通过对动铁心式弧焊变压器焊接电源的拆卸、仔细观察与重新装配，深入了解动铁心式弧焊变压器的基本结构。

（2）通过测试其动铁心位置与空载电压、焊接电流、焊接电压的关系曲线，深入理解动铁心式弧焊变压器工作的工作原理、控制方式、调节特性。

二、实验原理

动铁式弧焊变压器的结构如图 2-7 所示。变压器的初级与次级分绕在口型铁心的两侧，并在口型铁心的中间加入一个可以移动的梯形铁心，称为动铁心。

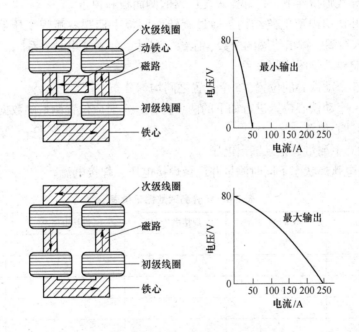

图 2-7　动铁式弧焊变压器的结构示意图

当动铁心全部插入口型铁心的磁路时，构成相对于初级与次级之间较大的漏磁磁路，即形成较大的漏感，等效于有较大的串联电感，此时输出电流最小。当动铁心全部移出口型铁心的磁路时，构成相对于初级与次级之间较小的漏磁磁路，即形成较小的漏感，等效于有较小的串联电感，此时输出电流最大。动铁心之所以制成梯形，是为了使在动铁心移动时有足够大的漏感变化量，用来保证焊接电流调节范围，因为此时漏磁磁路的面积和间隙是同时变化的。动铁式弧焊变压器的优点是：结构紧凑，节省材料；小电流空载电压高，引弧容易；缺点是工作时易产生较大的噪声，这是因为动铁心在工作时将受到很大的交变电磁力的作用。而且由于这个电磁力的作用，还易使动铁心产生位移，从而使焊接电流发生变化，但这些问题可以通过合理的动铁心移动机构克服。动铁式弧焊变压器一般只适宜制成中小容量的焊条电弧焊电源。

三、实验装置及材料

（1）动铁心式弧焊变压器 1 台。
（2）万用电表、钳形电压电流表各 1 个。
（3）焊接专用服装 1 套，手套 1 双，面罩 1 个。
（4）焊接工件（废钢板）1 块。
（5）焊条若干。
（6）拆装焊接电源用扳手 1 个，老虎钳 1 个。

四、实验内容及步骤

（1）了解并熟悉动铁心式弧焊变压器焊接电源的操作规程。
（2）在指导教师指导下，拆卸弧焊变压器的侧面板和顶盖。
（3）观察并认识内部电路结构，通过旋转前面板手柄观察弧焊变压器的结构变化：铁心结构、输入线圈、输出线圈的个数、匝数、尺寸、并联及串联关系。
（4）按实验要求绘图、写方程式。
（5）确定 5 个动铁心的位置，5 个位置之间均匀分布。
（6）对每一个动铁心位置进行如下的两项操作，在对应位置测量的数据填入表 2-6。
1）记录动铁心位置。
2）空载状态下测量并记录输出电压。
3）在焊条电弧焊状态下同时测量并记录焊接电压、焊接电流。

表 2-6　实验测试数据记录表

动铁心位置/mm	空载电压/V	焊接电流/A	焊接电压/V	焊接情况

（7）装配好弧焊变压器，打扫焊接试验现场，待指导教师同意后离开实验室。

五、实验结果整理及分析

（1）拆卸、观察、装配弧焊变压器，观察电源的构造特点。
（2）画出铁心结构及空载状态的磁路及输入、输出电路图。
绘出并标注：主磁通、漏磁通、附加漏磁通。
写出：输入线圈匝数 $N1$、输出线圈匝数 $N2$、空载电压计算公式。
（3）画出焊接状态的磁路及输入回路、输出回路电路图。
输入回路：绘出并标注输入电压、输入电流、感应电动势、写出输入回路电压平衡方程。

输出回路：绘出并标注感应电动势、焊接电流、焊接电压，写出输出回路电压平衡方程及外特性平衡方程。

（4）用 Excel 处理实验数据并绘制下列两个坐标曲线图：

1）动铁心位置-焊接电流曲线图，即：控制特性曲线图；

2）该焊接电源的焊条电弧焊负载曲线并写出曲线方程。

六、思考题

（1）为何输入线圈的横截面大于输出线圈的横截面？

（2）两个输入线圈之间是并联还是串联，为什么？两个输出线圈之间是并联还是串联，为什么？

（3）该弧焊变压器的空载电压的最大值与最小值之差是多少，为什么？写出计算式进行分析。

（4）该弧焊变压器调节焊接电流采用的是哪种调节方式？写出外特性方程并且绘图加以分析。

（5）该弧焊变压器改变焊接电流采用的是改变哪个量，写出外特性方程以及含有该量的公式加以分析。

七、安全注意事项

（1）在打开机箱盖观察内部结构之前要确保焊机没有通电。

（2）在大电流挡时，特别是在测量短路电流时，焊机不可长时间通电，以防止电阻箱及焊机发热严重而烧毁。

（3）在测试短路电流时，由于电流过大，焊机或电阻箱可能会发出烧焦的气味或冒烟等故障，不要惊慌，立即切断电源，并由实验指导老师检查设备是否完好，以决定实验是否继续进行。

实验5　IGBT 逆变弧焊电源的拆装与工作原理分析

一、实验目的

（1）通过对 IGBT 逆变弧焊电源的拆卸、仔细观察与重新装配，深入了解 IGBT 逆变弧焊电源的基本结构。

（2）深入学习理解逆变电路的基本电路形式，掌握 IGBT 逆变弧焊电源的基本工作原理，以及 IGBT 逆变弧焊电源外特性的控制方法。

二、实验原理

在逆变弧焊电源中，拓扑结构存在着三种主要形式，即单端式、半桥式和全桥式。其中单端式一般应用于小功率的焊接，如手工电弧焊。在大中功率焊接电源中普遍采用全桥式逆变结构。图 2-8 是一双全桥软开关逆变主电路的拓扑图。

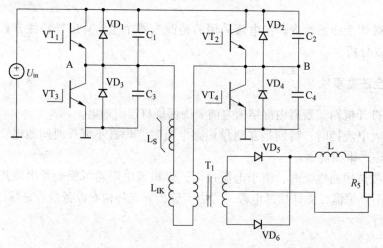

图 2-8　基本的全桥软开关逆变电源主电路拓扑结构

图 2-8 中，$VT_1 \sim VT_4$ 为 IGBT 开关管，VD1～VD4 为 IGBT 的寄生二极管，$C_1 \sim C_4$ 为谐振电容，L_S 和 L_{IK} 分别为饱和谐振电路、变压器漏感，T_1 为变压器，VD_5 和 VD_6 为全波整流二极管，L 为输出整流电抗器。

在实际应用中，存在着软开关和硬开关两种全桥拓扑主电路，其主要的区别是软开关能提高电源的整体效率，减少了中频逆变（一般为 20kHz）的开通、关断损耗，需要增加四个谐振电容；饱和谐振电感视具体情况而定，一般焊机是没有的，副边的整流方式一般有两种，全桥和全波式，焊机常采用全波式整流电路，这种结构只需要两只整流管，功率损耗较小，但管子耐压要求较高；大功率的焊机一般采用 IGBT 模块结构，中小功率的焊机有部分采用单管的 IGBT。另外，需要强调的是，在逆变焊机中一般采用 IGBT 作为开关管，但也有晶闸管和场效应管的。

逆变焊机一般采用全数字的控制方式。工作时首先通过数字面板设定焊接参数，主控制系统通过数字接口向送丝机发出工作指令，同时通过单片机（MCU）的数字信号处理器（DSP）向 IGBT 逆变电源发出工作指令，焊接过程开始。在焊接过程中实际焊接参数经反馈回路、模/数（A/D）转换后由单片机（MCU）或数字信号处理器（DSP）反馈到主控制系统，面板显示实际值的同时，主控制系统将实际参数与预设值进行比较，并将修正指令发给送丝机和电源。整个过程由于都是数字信号的传输和比较，因此，反馈信号非常迅速、精确，熔化极气体保护焊随电流密度、电弧功率和保护气体的不同，可以出现各种不同的熔滴过渡形式。高级焊机会根据用户输入的焊接方法、母材厚度、焊丝材质和直径等参数，自动设定出最佳的工艺参数，从而获得稳定的焊接电弧。

　　逆变弧焊电源与传统的弧焊电源比较，传统的弧焊电源均采用工频（50HZ 或 60HZ）来传递电能和变换电参数，而弧焊逆变器则把工作频率从工频提高到几千至二十万赫兹进行能量的传递和交换。从工作原理上来讲，由于频率的提高，给弧焊逆变器的结构和性能带来突出的特点：高效节能、省材轻巧、动态响应快，电气性能、焊接工艺性能优良。但同时由于主电路和控制电路的复杂性，较容易出现故障，不易维修。

三、实验装置及材料

（1）任意型号 IGBT 逆变弧焊电源 1 台。

（2）万用电表和钳形电压电流表 1 个。

（3）焊接专用服装 1 套，手套 1 双，面罩 1 个。

（4）Q235 试样 1 块。

（5）CHE422 焊条若干。

（6）拆装焊接电源用不同型号扳手若干。

四、实验内容及步骤

（1）了解并熟悉 IGBT 逆变弧焊电源的操作规程（见图 2-9）。

（2）观察焊机的操作面板，认识每个操作按钮的作用及调节方法。

（3）在指导教师指导下，小心细致拆卸 IGBT 逆变弧焊电源的上盖与侧板，仔细观察内部的结构。

（4）观察 IGBT 逆变弧焊电源的基本结构和工作特点，画出主电路图。

（5）合上弧焊电源开关，测量分析其空载电压。

（6）调节焊接规范，观察、记录 IGBT 逆变弧焊电源的电压与电流。

（7）装配好弧焊变压器，打扫焊接试验现场，待指导教师同意后离开实验室。

图 2-9　IGBT 逆变弧焊电源

五、实验结果整理及分析

（1）将电流电压记录在表 2-7。

表 2-7　实验电压、电流记录表

调节电压/电流	实测电压/电流

（2）观察 IGBT 逆变弧焊电源的基本结构特点，画出主电路图，在此基础上分析逆变焊机焊接电流和电压的调节机制，并比较其与晶闸管整弧焊电源的差别。

六、思考题

比较逆变焊机电源与晶闸管弧焊整流器电源的变压器、输出电抗值有什么差别，为什么？

七、安全注意事项

（1）一定要在关上焊机的总电源后进行电路连接，不要带电接线。

（2）若发生触电，或者焊机等设备冒烟烧损等事故时，不要惊慌，首先要立即关闭焊机的电源开关，然后拉下三相强电闸刀，再根据情况酌情处理。

3 焊接设备与工艺实验

实验1 埋弧焊工艺实验

一、实验目的

（1）了解埋弧焊的原理、典型设备的构成。

（2）熟悉 MZ-1000 型埋弧自动焊机的自动控制原理及基本操作。

（3）了解埋弧焊规范参数对焊缝成形的影响，掌握埋弧焊成形焊接工艺规律，即：焊接工艺参数（如焊接电流 I、电弧电压 U、焊接速度 v）与焊缝成形（如熔深 H、熔宽 B、余高 a、焊缝成形系数 φ）的关系。

二、实验内容

1. 埋弧焊基本原理

埋弧焊工作原理如图 3-1 所示，焊接电源的电极分别接到导电嘴和焊件，焊接电弧在焊丝与工件之间燃烧。焊接时，颗粒状焊剂由焊剂漏斗经软管均匀地堆敷到焊件的待焊处，焊丝由焊丝盘经送丝机构和导电嘴送入焊接区，电弧在焊剂下面的焊丝与母材之间燃烧。熔化的金属形成熔池，熔融的焊剂成为熔渣。金属蒸气、焊剂蒸气和冶金过程中析出的气体在电弧的周围形成一个空腔，从而保护熔池不与空气接触，并且将弧光遮蔽在空腔中。随着电弧的向前移动，

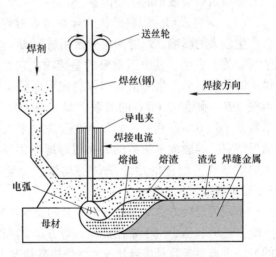

图 3-1 埋弧焊工作原理

电弧力将熔池中的液体金属推向熔池后方并逐渐冷却凝固成焊缝，熔渣则凝固成渣壳覆盖于焊缝表面。熔渣除了对熔池和焊缝金属起机械保护作用外，焊接过程中还与熔化金属发生冶金反应，从而影响焊缝金属的化学成分。在焊接过程中，焊剂不仅起保护焊接金属的作用，而且还起着冶金处理的作用，即通过冶金反应清除有害的杂质和过渡有益的合金元素。

2. 埋弧焊的自动调节系统和规范参数的调节方法

电弧焊的焊接过程包括引弧、焊接、收弧三个阶段，埋弧自动焊使上述三个阶段实现

自动化。为了获得优良的焊缝成形和内在质量，焊接时，应该合理选定焊接工艺规范参数，并在焊接过程中使所选定的规范参数数值保持稳定。埋弧焊自动调节系统的作用就是当选定的规范参数受外界因素干扰而发生变化时，能够自动调节，迅速恢复到预定值。同时，为了达到自动完成埋弧焊的三个阶段，必须有一套程序控制系统。埋弧焊的弧长调节系统分为两种，即等速送丝调节系统和电弧电压反馈调节系统。

等速送丝调节系统是利用电弧自身调节作用稳定弧长，主要适用于细焊丝（直径2.0mm 及以下）的焊接。它的电弧静特性是缓升的，电源外特性是缓降、平或微升的，所以调节电压是通过调节电源外特性实现，调节电流是通过调节送丝速度实现。这种情况下电弧自调节作用强，仅靠电弧自身调节作用即可保持电弧的稳定燃烧。

变速送丝是通过电弧电压反馈调节系统来实现的，主要适用于粗焊丝（直径2.0mm以上）的焊接。其原理是：当弧长波动而引起焊接规范偏离原来的稳定值时，利用电弧电压作为反馈量，并通过一个自动调节装置使送丝速度发生变化，达到稳定弧长的目的。在弧压反馈调节系统中，电弧静特性为接近于平行水平轴的直线，而电源外特性是采用陡降外特性。因此在这种自动电弧焊接过程中，调节焊接电流是通过调节电源外特性实现，调节电弧电压是通过调节送丝速度实现。

3. 焊接工艺规范参数对焊缝成形的影响

埋弧焊焊接规范参数主要包括焊接电流（A）、电弧电压（V）、焊接速度（v_W），这三者是决定焊缝成形的主要因素。

（1）焊缝成形。焊缝形状的合理与否对焊接质量会产生较大的影响。焊缝形状通常用熔深 H、熔宽 B、余高 a 等来表示，其中最重要的是熔深，它直接影响接头的承载能力。生产中常用焊缝成形系数 φ 来表示熔深（H）和熔宽（B）的关系：即 $\varphi = B/H$，用余高系数 β（$\beta = B/a$，其中：a 为焊缝余高）来表征焊缝成形特点。焊缝成形系数的大小对焊缝产生裂纹和气体的敏感性、熔池的冶金条件等均能产生影响。图3-2 是焊缝成形示意图。

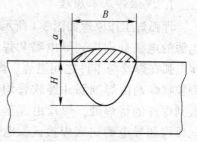

图 3-2 焊缝成形尺寸

不同的焊接方法对焊缝成形系数的要求不同。实际焊接时，在保证焊透的前提下要求匹配合适的 φ 值，对于常用的电弧焊方法，φ 值一般取 1.3~2。表征焊缝横截面形状特征的另一个重要参数是熔合比 γ，当焊接参数发生变化时，焊缝的熔合比将发生变化。在电弧焊时，可通过控制熔合比的大小来调整焊缝的化学成分、降低裂纹的敏感性和提高焊缝的力学性能。

（2）焊接电流。焊接电流不但是加热和熔化焊材的主要因素，而且还决定着焊接的熔深。电弧焊的焊丝熔化速度与焊接电流成正比。当焊接电流增加时，电弧的热功率和电弧力增加，使熔池体积和弧坑深度增加。电流增大时，焊丝熔化速度也将增加，电弧截面增加从而使熔宽稍有增加，余高也将增加；同时，焊接电流增大后，弧柱直径增大，但是电弧潜入工件的深度增大，电弧斑点移动范围受到限制，因而熔宽的增加量较小。

通常焊缝的熔深与电流近似成正比，即 $H = K_m \cdot I$（K_m 与焊丝直径、电流种类等有关）。

（3）电弧电压。电弧电压标志着弧长的大小，又决定着焊缝的宽度。在其他条件一定的情况下，提高电弧电压，电弧功率相应增加，焊件输入的热量有所增加。但是电弧电压增加是通过增加电弧长来实现的，电弧长度增加使得电弧热源半径增大，电弧散热增加，输入焊件的能量密度减小，因此熔深略有减小而熔宽增大。同时由于焊接电流和焊丝的熔化量基本不变，使得焊缝余高减小。

（4）焊接速度。焊接速度与焊接电压一样，都是决定熔深、焊道形状和熔敷金属量的重要因素，它主要影响焊道的截面积。焊速过慢会发生熔敷金属大量堆积、流动现象，对于薄件易烧穿，焊速过快，将产生未熔合、未焊透现象，焊缝成形高低不平，间断不连续，同时产生咬边。焊接速度的选择受送丝速度的影响，究竟选多大焊接速度，要通过试焊后观察焊道的成形情况来确定。

在其他条件一定的情况下，提高焊接速度会导致焊接热输入减小，从而焊缝熔宽和熔深都减小。由于单位长度焊缝上的焊丝金属熔敷量与焊接速度成反比，所以也导致焊缝余高减小。焊接速度是评价焊接生产率的一项重要指标，为了提高焊接生产率，应该提高焊接速度。但为了保证结构设计上所需的焊缝尺寸，在提高焊接速度的同时要相应提高焊接电流和电弧电压，这三个量是相互联系的。同时还应考虑在提高焊接电流、电弧电压、焊接速度（即采用大功率焊接电弧、高焊接速度）时，有可能在形成熔池过程中及熔池凝固过程中产生焊接缺陷，如咬边、裂纹等，所以提高焊接速度是有限度的。

三、实验装备及材料

（1）任意一款埋弧焊机 1 台。

（2）母材为 Q235 钢板（8~20mm）若干。

（3）H08A 焊丝 1 盘（直径 ϕ 为 3.2~4mm 均可），HJ431 焊剂若干。

（4）其他：焊丝剪、焊剂筛、手套、小榔头、腐蚀剂、砂纸、游标卡尺等。

四、实验内容

1. 了解埋弧焊设备的组成、参数设置和调整方法

（1）在老师讲解下认识埋弧自动焊设备的组成（包括送丝机、行走小车、机头调节机构、焊接电源及控制面板等）、工作原理简介。

（2）熟悉机头的调整方法。

（3）掌握焊接工艺参数的设置和调整方法：焊接电流、焊接电压、焊接速度的设置。

（4）记录所采用的埋弧焊机的型号、额定电流、电流调节范围、空载电压、额定工作电流、额定负载持续率、功率因数等。

2. 练习埋弧焊的操作

（1）准备工作。事先将钢板用钢丝刷、酒精清理干净；将焊剂烘干；焊丝表面清理锈污；钢板表面编号。

（2）练习操作。调整好设备，根据工件材质、厚度、焊丝直径、干伸长度等来设置焊接电流（I）、电弧电压（U）和焊接速度（v_W）等参数值。然后将焊丝与工件表面接触，按动启动按钮，引燃电弧；电弧引燃后，松开电钮，电弧继续燃烧，再次按动按钮，则电弧熄灭。

3. 焊接工艺规范参数对焊缝成形的影响

（1）设计实验方案及实验工艺规范参数：实验时，I、U、v_W 三个主要规范参数中，固定任意两个参数，改变另一个参数，分别进行 3~5 个不同规范的试板平板堆焊，表 3-1 是埋弧焊实验时推荐的参数，并将焊接时数据记录在表 3-2 中，每块试板堆焊 4 道焊缝。焊接时要记录焊接速度、观察参数稳定性，焊后观察焊缝成形。

表 3-1　推荐的焊接规范

焊丝直径/mm	焊接电流 I/A	电弧电压 U/V	焊接速度 v_W/m·h^{-1}
4	800~1000	32~38	15~20

表 3-2　焊缝成形试验记录表

序号	变动参数	编号	焊接规范参数			焊缝成形尺寸				
			I/A	U/V	v_W/m·h^{-1}	H/mm	B/mm	a/mm	φ	β
1	I	1-1								
2		1-2								
3		1-3								
4		1-4								
5	U	2-1								
6		2-2								
7		2-3								
8		2-4								
9	v_W	3-1								
10		3-2								
11		3-3								
12		3-4								

（2）测量 B 和 a：用游标卡尺测量每段焊缝的 B 和 a，每个焊缝分别测量三个值，取其平均值。

（3）测量 H：将（2）测量后的试样采用机械切割的方法切开横断面，然后用砂轮机进行打磨至平整，砂纸磨光并抛光后采用 5% 硝酸酒精溶液进行腐蚀，再观察焊缝横截面轮廓，并用卡尺测量每条焊缝的 H 值。

五、实验结果整理与分析

（1）将数据记录在表 3-2 中。

（2）根据表 3-2 记录的数据绘制曲线：熔深 H、熔宽 B、余高 a、焊缝成形系数 φ 与焊接工艺参数（主要有：焊接电流 I、电弧电压 U、焊接速度 v_W）的关系曲线。

（3）分析焊接工艺参数（主要有：焊接电流 I、电弧电压 U、焊接速度 v_W）对焊缝成形参数（熔深 H、熔宽 B、余高 a、焊缝成形系数 φ）的影响规律。

六、思考与讨论

焊丝端部应剪成什么形状更有利于引弧，为什么？

七、注意事项

（1）检查设备接线正确与否，特别是机壳接地、焊件电缆连接是否正确。

（2）参加实验的教师和学生必须穿戴防护衣、裤、鞋、帽，操作人员应站在干燥木板或其他绝缘垫上。

（3）焊后的焊剂及熔渣温度较高，应妥善处理，以免烫伤手指。

（4）焊接时若出现漏电现象，应立即断电并及时救援。

（5）焊接时若出现明弧，应及时停机或添加焊剂。

实验2　钨极氩弧焊工艺实验

一、实验目的

（1）通过本实验巩固课堂所学的钨极氩弧焊工作原理和基本工艺规律，熟悉其特有的工艺现象、过程调节和控制原理。

（2）了解钨极氩弧焊设备基本构成，初步掌握钨极氩弧焊的基本操作方法，并能够掌握其工艺参数的调整方法。

（3）熟悉钨极氩弧焊正、反极性接法时具有的焊接工艺特点及应用场合，掌握钨极氩弧焊雾化机理及钨极烧损规律。

（4）熟悉 TIG 焊的手工操作。

二、实验原理

钨极氩弧焊（TIG）是在惰性气体的保护下，利用钨电极与工件间产生的电弧热熔化焊件和填充焊丝的一种焊接方法。图 3-3 是 TIG 焊工作原理示意图。焊接时，钨极被夹持在电极夹上，从 TIG 焊焊枪的喷嘴中伸出一定的长度。在伸出的钨极端部与焊件之间产生电弧，对焊件进行加热，同时保护气体连续地从焊枪的喷嘴中喷出，在电弧周围形成气体保护层隔绝空气，以保护钨极、熔池及邻近的热影响区，使其免受大气的侵害，从而获得高质量的焊缝。惰性气体泛指

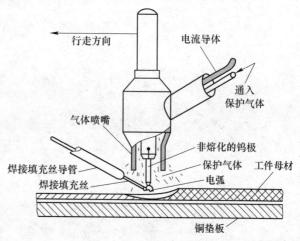

图 3-3　TIG 焊原理示意图

氩、氦、氖等，因氩气是由空气中分馏获得，资源丰富、成本低，因此是用得比较多的一种气体。焊接时可填丝也可不填丝。根据电源种类的不同，TIG 焊可分为直流 TIG 焊、交流 TIG 焊、脉冲 TIG 焊及变极性 TIG 焊等类型。这些电源从结构和要求上与一般的焊条电弧焊并无多大差别，原则上可通用，只是外特性要求更陡些。

1. 直流 TIG 焊

即采用直流电源给电弧供电，由于没有过零问题，电弧稳定性好，可在较小的电流下进行稳定燃烧，工艺过程稳定。可分为直流正接和直流反接两种。

直流正极性是指焊件接电源的正极，焊枪接电源的负极。对于黑色有色金属材料应采用这种接法。正接时，焊枪的钨极接负极，钨极为热阴极，在发射电子时电子要带走一部分能量而得到冷却，这样允许钨极通过较大的焊接电流；焊件接正极，焊件侧产生的热量较多，易获得较大的熔深。因为钨极为负极，电弧呈细锥状，使得电弧对焊件加热集中，从而得到深而窄的焊缝形状。

直流反极性是指焊件接电源的负极，焊枪接电源的正极。因为焊枪的钨极接正，电弧中电子撞击钨极的能量全部转化成热量，使得钨极很快过热，甚至熔化，所以相同直径的钨极只允许通过正极性接法时的 1/5~1/3 焊接电流。由于焊件上的阴极斑点总是寻找 Al_2O_3 氧化膜，使得电弧随着氧化膜的破碎在焊件上游动（即阴极雾化），因此得到浅而宽的焊缝。适用于铝、铝合金和镁合金的焊接。

2. 其他 TIG 焊方法

交流 TIG 焊：此时产生的是交流氩弧，该方法介于直流正接与直流反接之间。与直流氩弧相比，此种方法的电弧稳定性差，需要施加稳弧脉冲才能使电弧持续稳定燃烧。

脉冲氩弧焊是一种高效、优质、经济和节能的先进焊接方法，除具有直流钨极氩弧焊的规范外，还可独立地调节峰值电流、基值电流、脉冲宽度、脉冲周期或频率等规范参数。与直流氩弧焊相比，该方法可通过对脉宽比、脉冲电流、基值电流、脉冲频率等参数的调节使焊接熔深、焊件受热及变形、钨极损耗、阴极雾化、电弧稳定性多方面的要求得以协调。

三、实验装备及材料

（1）交、直流氩弧焊机各 1 台。

（2）不锈钢板（厚度为 2~5mm）若干块。

（3）纯度为 99.99% 的氩气 1 瓶。

（4）其他工具：如减压计、流量计、面罩、钢丝刷、酒精、棉纱等。

四、实验内容及步骤

1. 了解钨极氩弧焊设备的组成、参数设置和调整方法

（1）在老师讲解下认识 TIG 焊设备的组成、工作原理简介、参数设置和调整方法。

（2）熟悉焊枪和钨极的结构、功能和调整、安装方法。

（3）熟悉配气系统的组成、功能和调整方法。

（4）掌握焊接工艺参数的设置和调整方法：焊接电流、焊接电压设置；收弧电流、收弧电压设置；电极形状、尺寸的选择；保护气体流量和焊枪喷嘴口径的选择。

（5）记录所采用的 TIG 焊机的型号、额定电流、电流调节范围、空载电压、额定工作电流、额定负载持续率、功率因数等。

2. 练习 TIG 焊的操作

（1）准备工作。事先将钢板用钢丝刷、酒精清理干净，然后打开气瓶阀门，接通气体并调节氩气流量。

（2）练习操作。调整好设备，然后将焊枪稍倾斜，使陶瓷喷嘴靠在不锈钢板上，使钨极与不锈钢板保持 1~2mm 的间隙。按动手把上的启动按钮，高频引燃电弧；电弧引燃后，松开电钮，电弧继续燃烧，再次按动按钮，则电弧熄灭。

（3）观察不锈钢板上的阴极雾化作用。

3. 直流正反接时 TIG 焊钨极烧损实验

（1）选定合适的钨电极尺寸和电源极性，选取三种不同的电流值进行实验（参照表

3-3)，实验时电弧长度保持在 2~3mm，气体流量设定在 10~15L/min。

表 3-3　纯钨电极的许用焊接电流推荐值

钨极直径/mm	直流电流/A		交流电流/A
	正接	反接	
1~2	65~150	10~20	20~100
3	140~180	20~40	100~160
4	250~340	30~50	140~220
5	300~400	60~100	200~280

（2）分别采用两种不同的极性在同一块钢板上进行焊接操作，尽量保持每次焊接时间相同，并将时间记录在表 3-4 中。

表 3-4　TIG 焊钨极烧损规律试验记录表

序号	电流/A	电压/V	焊接时间 t/s	喷嘴直径/mm	气体流量/L·min^{-1}	焊矩高度/mm	钨极直径/mm	G_1/g	G_2/g	ψ/g·s^{-1}	备注
1-1（正接）											
1-2（反接）											
2-1（正接）											
2-2（反接）											
3-1（正接）											
3-2（反接）											

注：G_1—焊前钨极质量(g)，G_2—焊后钨极质量(g)。

（3）焊前分别称量钨电极的质量，并将相关的数据记录在表 3-4 中，试验后记录并计算电极烧损量。

五、实验结果整理与分析

测量钨极烧损的方法：焊接前，先称量钨极质量 G_1(g)，焊接一定时间 t(s) 后，再称出钨极质量 G_2(g)，计算钨极烧损量 ψ：

$$\psi = (G_1 - G_2)/t$$

六、思考题

（1）钨极氩弧焊的电流类型应如何选择？

（2）钨极氩弧焊的应用范围如何？

（3）何谓阴极清理？为何会产生阴极清理现象？你观察到了吗？

七、安全注意事项

（1）检查设备接线正确与否，特别是机壳接地、焊件电缆连接是否正确。

（2）检查配气系统是否连接正确、气瓶压力是否正常、系统是否有泄漏。

（3）参加实验的教师和学生必须穿戴防护衣、裤、鞋、帽、护目镜。

（4）焊接过程中不许调整焊接参数和触摸设备、工装、焊件。

（5）焊接后等钨极冷却下来后再取，以免烫伤。

（6）不要随便用手触动带电的电气元件，尤其应当心高压部件。

实验3　CO₂气体保护焊工艺实验

一、实验目的

（1）了解 CO_2 气体保护焊基本原理，熟悉其设备组成及特点。

（2）了解 CO_2 气体保护焊熔滴过渡的特点。

（3）熟悉 CO_2 气体保护焊规范参数对焊缝成形的影响。

（4）了解 CO_2 气体保护焊时不同熔滴过渡的产生条件及其对焊接过程的稳定性、飞溅和成形质量的影响。

二、实验原理

1. CO_2 气体保护焊原理

CO_2 气体保护焊工作原理如图 3-4 所示。焊接时，在焊丝与焊件之间产生电弧；焊丝自动送进，被电弧熔化形成熔滴并进入熔池；CO_2 气体经喷嘴喷出，包围电弧和熔池，起着隔离空气和保护焊接金属的作用。同时 CO_2 气体还参与冶金反应，在高温下 CO_2 的氧化性有助于减少焊缝中的氢。

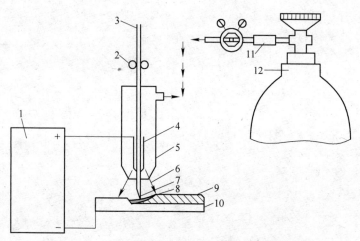

图 3-4　CO_2 气体保护电弧焊工艺原理示意图

1—焊接电源；2—送丝轮；3—焊丝；4—导电嘴；5—喷嘴；6—保护气体；
7—电弧；8—熔池；9—焊缝；10—焊件；11—预热干燥器；12—CO_2 气瓶

2. CO_2 气体保护焊短路过渡特点及电弧-电源系统调节方法

短路过渡是在小电流低电压时，熔滴未长成大滴就与熔池短路，在表面张力及其他力共同作用下，熔滴向熔池过渡的过程。在这种过渡过程中，电弧燃烧是不连续的，电弧交替地出现燃弧与熄弧，引起焊接电流与电压周期性变化，适合用细焊丝（直径在 1.2mm 以下）焊接薄板。

焊接电弧要稳定工作，必须使电弧静特性与电源外特性相交于稳定工作点。在 CO_2 焊短路焊接时，由于所用焊丝一般较细，电流密度较大，加上保护气流对电弧的冷却作用，其电弧工作在 U 曲线的上升阶段，所以电源一般采用平特性或缓降特性的电源，此时电弧长度和焊丝伸出长度的变化对电弧的电压影响最小，引弧容易，且对防止焊丝回烧和粘丝有利，从而可提高电弧的自调节作用的灵敏度，保证焊接规范的稳定。

3. 规范参数调节

调节电弧电压主要靠调节电源外特性来实现，调节电流的大小主要靠调节送丝速度。焊接规范参数主要包括焊接电流、电压、焊接速度、电流的种类与极性、焊丝伸出长度、气体流量等。

焊接电流不但是加热和熔化焊材的主要因素，而且也是决定熔深的最主要因素。它与电弧电压匹配得当时，可获得稳定的焊接过程，且飞溅小，焊缝成形好。若焊接电流过小，则电弧不稳，且不能熔化焊丝，而此时送丝断续，且使固体焊丝和母材发生抵触，从而堵丝；若焊接电流过大，则使熔深加大，但引起严重的飞溅。

电弧电压是焊接参数中又一个很重要的参数，它的大小决定了电弧的长短和熔滴的过渡形式，它对焊缝成形、飞溅、焊接缺陷以及焊缝的力学性能有很大的影响。CO$_2$ 焊中，电弧电压的调节是通过调节焊接电源的输出电压来实现的，弧压增加则弧长增加。若弧压过低，则电弧覆盖面窄且电弧集中，此时熔深窄而深，所得焊道表面过凸；若弧压过高时，则焊缝变宽，余高扁平且熔深变浅。

焊接速度与焊接电压一样，都是决定熔深、焊道形状和熔敷金属量的重要因素。焊速过快，保护效果差，冷却速度快，使焊缝塑性降低，且不利于焊缝成形，易产生咬边缺陷和大颗粒飞溅；焊速过慢，会发生熔敷金属大量堆积、流动现象，电弧热和电弧力受阻碍，焊道不均匀，且焊缝组织粗大。在实际中，焊速一般不超过 0.5m/min。

焊丝伸出长度已成为焊接参数中不可忽视的因素。当其他参数不变时，随着焊丝伸出长度增加，焊接电流下降，熔深减小。当伸出长度过短，则喷嘴至工件距离太近，飞溅金属易堵塞喷嘴；若伸出长度过大，则焊丝易过热而成段熔断，飞溅严重，且使熔深变浅，发生未熔合现象，同时使气体保护效果变差。根据生产经验，合适的焊丝伸出长度一般为焊丝直径的 10~12 倍。

短路焊接气体流量一般在 5~15L/min，在大电流、高速焊、焊丝伸出较长及室外作业等情况下，气体流量应适当增大，以使气体有足够的挺度，提高其抗干扰能力。但是气体流量过大会使保护气体紊乱度增大，反而使外界气体卷入，保护效果变差，气孔增多。

CO$_2$ 焊一般采用直流反极性。因为反极性时飞溅小、电弧稳定、成形好，且焊缝金属含氢量低、熔深大。

三、实验装备及材料

(1) CO$_2$ 气体保护焊焊机和送丝机一台。

(2) CO$_2$ 气瓶、减压阀、流量计一套。

(3) Q235 钢板若干（δ 为 6~8mm）。

(4) 直径 ϕ 为 1.2mm 和 1.6mm 的 H08 焊丝各一盘。

(5) 其他工具：如面罩、钢丝刷、游标卡尺、砂纸、酒精、棉纱、腐蚀剂等。

四、实验内容和步骤

1. 了解 CO_2 气体保护焊设备的组成与性能

（1）在老师讲解下认识 CO_2 气体保护焊设备的组成（包括焊接电源、控制系统、送丝机、焊枪及气路系统等）。

（2）观察认识操作面板上的主要功能按钮，学习其操作方法。

（3）掌握焊接工艺参数的设置和调整方法：焊接电流、焊接电压、焊接速度、气体流量等参数的设置。

（4）记录所采用的 CO_2 气体保护焊的型号、额定电流、电流调节范围、空载电压、额定工作电流、额定负载持续率、功率因数等。

2. 熟悉 CO_2 气体保护焊基本操作

（1）准备工作：事先将钢板用钢丝刷、酒精清理干净，放置在工作台上并与焊接电源地线可靠连接。

1）打开焊接电源开关，设置焊接参数；

2）打开气瓶阀门，接通气体并调节流量；

3）测试焊枪，保证送丝、送气工作正常；

4）启动焊接开关，进行焊接。

（2）焊接完毕，关气瓶、循环水以及电源。

3. CO_2 气体保护焊熔滴过渡实验

（1）使用 $\phi \leqslant 1.2mm$ 焊丝，进行短路过渡实验。

（2）使用 $\phi > 1.2mm$ 焊丝，进行射滴过渡实验。

（3）分别记录两种熔滴过渡形式下的相关实验。观察飞溅量的大小及焊后焊丝端部形状的差别。每种过渡方式选择三个参数焊接三块试样，并将数据记录在表 3-5 中。

表 3-5　短路过渡和射滴过渡 CO_2 焊实验记录表

序号	焊丝直径 /mm	焊接电流 /A	电弧电压 /V	气体流量 /L·min⁻¹	送丝速度 /m·h⁻¹	飞溅率 /g·cm⁻¹	过渡形式
1							短路过渡
2							短路过渡
3							短路过渡
4							射流过渡
5							射流过渡
6							射流过渡

序号	焊丝末端 形状	线能量 /J·cm⁻¹	焊缝成形尺寸				
			H/mm	B/mm	a/mm	φ	β
1							
2							
3							
4							
5							
6							

五、实验记录与数据处理

（1）焊接过程观察并记录：电流类型、波形参数、极性、气体流量、熔池情况、焊缝成形。

（2）数据处理：绘制焊缝成形（熔宽 B、熔深 H、余高 a）质量与焊接线能量关系曲线。

（3）计算单位长度上的飞溅量。

六、思考题

（1）CO_2气体保护电弧焊的熔滴过渡和焊接参数应如何选择？

（2）CO_2气体保护电弧焊时，发生飞溅的原因是什么？采取哪些措施来减少飞溅的发生？

七、注意事项

（1）检查设备接线是否正确，特别是机壳接地、焊件电缆连接是否正确、可靠。

（2）检查配气系统是否连接正确、气瓶压力是否正常、系统是否有泄漏。

（3）参加实验的教师和学生必须穿戴防护衣、裤、鞋、帽、护目镜。

（4）焊接过程中不许调整焊接参数和触摸设备、工装、焊件。

实验 4　低碳钢电阻点焊工艺实验

一、实验目的

（1）了解电阻点焊工艺的基本原理及其焊接接头的形成过程。

（2）熟悉电阻点焊规范参数对熔核尺寸及接头强度的影响规律。

（3）掌握电阻点焊机的规范调节及操作方法。

二、实验原理

电阻点焊是工件组合后通过电极施加压力，利用电流流过接头的接触面及邻近区域产生的电阻热进行焊接的方法，其原理如图 3-5 所示。它有两大特点：一是焊接热源是电阻热；二是焊接时需施加压力，故也常称为压力焊。如图 3-5 所示，两工件由棒状铜合金电极压紧后通电加热，在电极压力作用下通以焊接电流，利用工件自身电阻所产生的焦耳热来加热金属，并使焊接区中心部位的金属熔化，形成熔核。完成一个焊点的基本循环是由预压、焊接、维持、休止四个阶段组成的（见图 3-6）。

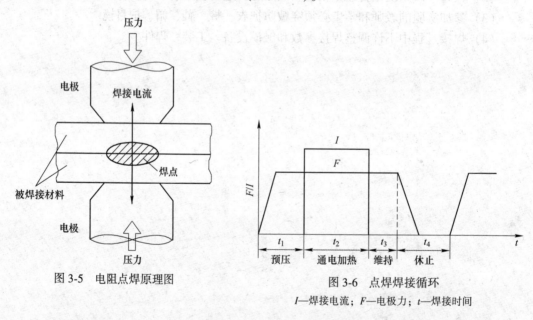

图 3-5　电阻点焊原理图

图 3-6　点焊焊接循环

I—焊接电流；F—电极力；t—焊接时间

（1）预压阶段（$F>0$，$I=0$）：此阶段是从电极开始下降到焊接电流开始接通的时间阶段（见图 3-6 中的 t_1 段）。它包括电极压力的上升和恒定两部分，此阶段 F 增长并单独作用，适当的压力保证稳定的接触电阻与导电通路。预压的目的是建立稳定的电流通道，以保证焊接过程获得重复性好的电流密度。对厚板或刚度大的冲压零件，有条件时可在此期间先加大预压力，而后再恢复到焊接时的电极力，使接触电阻恒定而又不太小，以提高热效率。

（2）焊接（$F=F$，$I=I$）：这个阶段是焊件加热熔化形成熔核的阶段。焊接电流可基本不变（指有效值），亦可为渐升或阶跃上升。在此期间焊件焊接区的温度分布经历复杂的变化后趋向稳定。图 3-6 中的 t_2 时间段就是焊接时间，即焊接电流通过焊件并产生熔核的时间。

（3）维持（$F>0$，$I=0$）：如图 3-6 中的 t_3 段，即焊接电流切断后，电极压力继续保持的时间段。此阶段不再输入热量，熔核快速散热、冷却结晶。结晶过程遵循凝固理论。由于熔核体积小，且夹持在水冷电极间，冷却速度甚高，一般在几周内凝固结束。由于液态金属处于封闭的塑性壳内，如无外力，冷却收缩时将产生三维拉应力，极易产生缩孔、裂纹等缺陷，故在冷却时必须保持足够的电极压力来压缩熔核体积，补偿收缩。

（4）休止（$F>0$，$I=0$）：从电极开始提起到电极再次下降，准备下一个循环（见图 3-6 中 t_4 阶段）。此阶段仅在焊接淬硬钢时采用，一般插在维持时间内，当焊接电流结束，熔核完全凝固且冷却到完成马氏体转变之后再插入，其目的是改善金相组织。

三、实验设备及材料

（1）任意型号点焊机 1 台。

（2）大电流测试仪 1 台。

（3）点焊电极若干对。

（4）点焊用低碳钢板（100mm×20mm ×1.5mm）若干块。

四、实验内容及步骤

1. 认识电阻点焊机的构造、基本操作及主要性能参数

（1）首先关闭电源，在老师的讲解下认识所用型号焊机中的变压器、晶闸管组、次级回路、气动回路以及冷却水回路等主要部分。

（2）观察认识操作面板上的主要功能按钮，学习各规范参数的设定方法。

（3）记录所采用的焊机型号、额定电流、电极压力范围、额定负载持续率、功率因数等参数。

2. 电阻点焊工艺操作试验

（1）将待焊接的板用丙酮除油备用。

（2）根据课前预习的结果，分别选择软规范、中等规范、硬规范三组典型参数进行焊接操作试验，观察接头的飞溅与变形情况，测量并记录电极压痕深度。

（3）固定焊件电流不变，从小到大改变焊接时间，分别进行焊接操作试验，观察接头的飞溅与变形情况，测量并记录电极压痕深度。

（4）固定焊接时间不变，从小到大改变焊接时间，分别进行焊接操作试验，观察接头的飞溅与变形情况，测量并记录电极压痕深度。

（5）将焊接接头分别在虎钳上剥开或在拉力机上拉断，用游标卡尺测量其熔核直径，并将所有的数据记录到表 3-6 中。

五、实验结果与数据分析

（1）在坐标纸上分别画出电阻点焊熔核尺寸与焊接电流、焊接时间和焊接压力的关系曲线。

（2）根据实验结果，分析焊接电流、焊接时间对熔核压痕深度和飞溅大小的影响。

表 3-6　电阻点焊操作实验数据记录表

试样编号	焊接电流/A	焊接时间/cyc	焊接压力/N	飞溅情况	熔核直径/mm	压痕深度/mm	备　注
1							软规范
2							中等规范
3							硬规范
4							
5							
6							固定焊接电流，改变焊接时间
7							
8							
9							
10							
11							固定焊接时间，改变焊接电流
12							
13							

六、思考题

（1）说明电阻点焊的特点及主要应用领域。

（2）对于电阻点焊，软规范和硬规范各有什么特点？对于一个具体的焊接接头，从哪几方面来考虑究竟是选择硬规范还是软规范？

七、安全及注意事项

（1）在电阻点焊操作时，操作者要穿戴工作服，同时佩戴防热手套和护目眼镜，以防飞溅灼伤。

（2）准备踩下控制踏板时，操作者脸要偏向一侧，其他人也不可正视焊接区域，防止飞溅伤脸。同时要保证身体的任何部位都不在电极的下方区域。

（3）发生压伤手指或飞溅烫伤等危险事故时，要立即就医。

实验 5　激光焊工艺实验

一、实验目的

（1）了解焊接用激光器的结构及工作原理。

（2）掌握激光焊深熔焊的原理。

（3）熟悉激光焊机的操作过程及工艺参数的选择，以及工艺参数对焊缝成形的影响规律。

二、实验原理

激光焊接属于特种焊接方法中的一种，是以聚焦的激光束作为能源轰击焊件所产生的热量进行焊接的一种高效精密的焊接方法。激光焊接系统一般由激光器、光路光输、聚焦系统和工作台组成。在焊接时，激光器能把能量很大的激光束聚焦在很小的区域上得到很高的能量密度。因此，激光焊效率高，热输入相对小，热影响区很小，焊缝成形质量好。

激光器是激光焊接设备中的重要部分，是发射激光的装置，提供加工所需的光能，要求激光器稳定、可靠并能长期运行。常用的激光器有两种：一种是以 CO_2 气体为工作物质的 CO_2 气体激光器，可输出 $10.6\mu m$ 波长的连续或脉冲激光；另一种是以掺钕钇铝石榴石晶体为工作物质的固体激光器，简称 YAG 激光器，可输出 $1.06\mu m$ 波长的连续或脉冲激光。各类激光器的基本工作原理类似，一般包括激励源（如光源）、具有亚稳态能级的工作介质和谐振腔（光学谐振腔）三部分。激励方式有光激励、电激励、化学激励和核能激励等；工作介质具有亚稳能级使受激辐射占主导地位，从而实现光放大；谐振腔可使腔内的光子有一致的频率、相位和运行方向，从而使激光具有良好的定向性和相关性。图 3-7 是一种 Nd：YAG 固体激光器的基本结构。

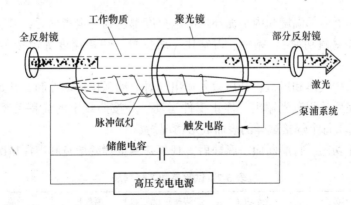

图 3-7　固体激光器的基本结构

通常激光焊接有两种模式，一种是基于小孔效应的激光深熔焊，另一种是基于热传导方式的激光热导焊。当功率密度高于 $5\times10^5\,W/cm^2$ 的激光照射在金属材料表面时，材料产生蒸发并形成小孔。深熔焊过程产生的金属蒸汽和保护气体在激光作用下会发生电离，从而在小孔内和上方形成等离子体。这个充满金属蒸气和等离子体的小孔就像一个黑体，入射激光进入小孔后经小孔壁多次反射吸收后达到 90% 以上的激光能量被小孔吸收，小孔周围的金属就是被孔壁传递的能量所熔化。随着光束的移动，小孔前壁的液态金属被连续蒸发，小孔就以一种动态平衡状态向前移动，包围小孔的熔融金属沿小孔周围向后流动，随后冷却并凝固形成焊缝。激光热导焊功率密度低于 $5 \times 10^5 \text{W/cm}^2$，由于金属对激光的反射率较高，该方法得到的焊缝熔深很小。

在激光焊中，焊接速度、激光功率、焦点位置是影响焊缝成形的主要参数。本试验采用 Nd：YAG 激光器来实现 A304 不锈钢对接焊，研究激光焊接工艺参数对焊缝成形的影响规律和焊缝熔透情况。

三、实验设备及材料

（1）实验设备：Nd：YAG 固体激光器一台。
（2）实验材料：不锈钢 A304（200mm×80mm×3mm）若干块。
（3）其他工具：游标卡尺、钢板尺、面罩、钢丝刷、砂纸、酒精、棉纱、腐蚀剂等。

四、实验内容及步骤

1. 激光焊机的构成及工作原理讲解
（1）首先结合实验所用激光焊机，指导教师给学生详细讲解激光焊机的基本构成。
（2）讲解本实验用激光焊机的主要性能参数和与焊接相关的主要技术指标。
（3）详细讲解该激光焊机的基本操作流程和安全注意事项，以及出现故障时的应对方法。

2. 不锈钢 A304 激光对接焊工艺
（1）将待焊工件除油、除锈清理干净后，在工作台上装配并用专用夹具固定。
（2）开启控制计算机，开启激光焊机电源，进入操作系统，开启内部循环水进行去离子处理。
（3）当激光器内部温度和内部循环水的电离度都达到规定指标后，参照表 3-7 设定激光功率（峰值和基值功率）、频率、占空比、离焦量、焊接速度等焊接参数，完成编程工作。
（4）打开保护气体和风刀，开启激光输出同时启动工作运动控制，开始焊接。
（5）焊接完后关闭激光输出，停止工件运动，并按照规定的流程关闭激光器，收拾场地。观察并记录每个焊接试样的表面成形情况。
（6）将试样切割，打磨断面、腐蚀后，观察并测量焊缝熔宽和熔深情况。

表 3-7　试验参数选择列表

试验编号	激光输出方式	激光功率 P/W	焊接速度 $v/\text{cm} \cdot \text{min}^{-1}$	离焦量 $\Delta F/\text{mm}$	熔宽 B/mm	熔深 H/mm
1	连续	400	100	0		
2	连续	600	100	0		
3	连续	800	100	0		
4	连续	1000	100	0		

试验编号	激光 输出方式	激光功率 P/W	焊接速度 $v/cm \cdot min^{-1}$	离焦量 $\Delta F/mm$	熔宽 B/mm	熔深 H/mm
5	连续	1200	100	0		
6	连续	1000	150	0		
7	连续	1000	200	0		
8	连续	1000	250	0		
9	连续	1000	300	0		
10	连续	1000	150	1		
11	连续	1000	150	2		
12	连续	1000	150	3		
13	连续	1000	150	4		
14	连续	1000	150	5		

五、实验结果与数据分析

（1）将实验数据记录在表 3-7 中。

（2）根据实验数据绘制熔深、熔宽随焊接速度、激光功率和离焦量变化的关系曲线图。分析焊缝熔深和焊缝宽度随焦点位置、激光功率和焊接速度的变化规律。

（3）分析焦点位置对激光焊接熔化效率的影响。

六、思考题

（1）分析激光焊接工艺参数对焊缝成形的影响？

（2）激光焊接工艺与 TIG 焊工艺相比具有哪些特点？

（3）如何测量或计算激光深熔焊的临界激光功率？

七、安全及注意事项

（1）使用激光器进行焊接时一定要提前开启水冷机组，并在相关指标达到规定值后进行焊接。

（2）风刀是保护激光镜头的重要工具，焊接进行时一定要保证风刀开启。

（3）焊接试验完毕后将一切设备还原归位，关闭总电源，保证实验室整洁。

（4）实验室一旦发生安全事故，要保证镇定，首先关闭激光器的主电源开关，然后确定事故类型，并做相应处理。

实验 6 钎料的润湿性实验

一、实验目的

（1）了解钎料成分及钎剂的选用对钎料润湿性影响。

（2）了解金属熔体在固态表面的润湿原理，掌握铺展性测试方法。

（3）熟悉常用的钎料和钎剂及配制方法，了解影响合金润湿性的因素。

（4）熟悉通用的评定钎料润湿性的实验方法及过程，了解标准《钎料润湿性试验方法》（GB/T 11364—2008）。

二、实验原理

钎焊是用比母材熔点低的金属材料作为钎料，用液态钎料润湿母材和填充工件接口间隙并使其与母材相互扩散的焊接方法。钎焊变形小，接头光滑美观，适合于焊接精密、复杂和由不同材料组成的构件，如蜂窝结构板、透平叶片、硬质合金刀具和印刷电路板等。

钎料与母材润湿性的好坏是选择钎料首先考虑的条件，也是能否获得优质钎焊接头的关键因素。钎料应具有合适的熔点、良好的润湿性和填缝能力，能与母材相互扩散。钎焊时，只有熔化的液体钎料很好地润湿母材表面才能填满钎缝。钎料与母材的润湿性不仅取决于它们本身的成分，还受到其他因素的影响。其中，钎料与母材表面的氧化物是妨碍润湿性的重要因素之一，因此必须借助钎剂或其他去膜措施。选用的钎剂首先必须有清除母材表面氧化膜的能力。母材不同，表面氧化物不同，去除的难易程度也不同。只有针对母材的成分，选用不同的钎剂，才能发挥钎剂的作用。

1. 润湿性表征

衡量钎料对母材润湿能力的大小，可通过测量钎料（液相）与母材（固相）相接触时的接触夹角大小或铺展面积，分别以接触角值、接触角余弦值或铺展面积值来表示。

钎料合金的润湿性通常采用接触角来表示。将液体放置在固体表面上，液相表面与固相表面的接触界面处形成相对的界间角，称为接触角，如图 3-8 所示，它是描述固、液、气三相交

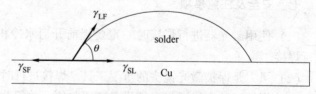

图 3-8 接触角示意图

界处性质的一个重要的物理量。接触角是以相界面切线的夹角 θ 表示。$\theta=1$ 时，为完全润湿；当 $0<\theta<\pi/2$ 时，为一般润湿；当 $\pi/2<\theta<\pi$ 时，为不润湿状态。

θ 为钎料与 Cu 基板的接触角（或称为润湿角），γ_{SL} 为液态钎料与基底之间的表面能，即固液界面能，γ_{SF} 为气固界面能，γ_{LF} 为液气表面能，即液体表面能。接触角与界面能可用公式表示为：

$$\cos\theta = \frac{\gamma_{SF} - \gamma_{SL}}{\gamma_{LF}}$$

2. 铺展性测试方法

铺展法是在基底材料（纯铜板）放置好钎料试样和助焊剂，加热一段时间使其熔化，测量焊料的铺展面积或铺展率，以此来评价钎焊的铺展性。日本行业标准《无铅焊剂的试验方法》（JIS-Z3198-3）根据钎料铺展且凝固后形成的焊点形状，通过计算铺展系数 S_R 来衡量焊料的润湿性能。

$$S_R = \frac{D - H}{D} \times 100\%$$

式中　S_R——铺展率，mm；

　　　H——铺展后焊料的高度，mm；

　　　D——将试验所用钎料看作球体时的直径，mm。

钎料在基底材料上的润湿性越好，铺展后的面积越大，而铺展后的钎料高度 H 就越小，铺展率就会增大。

三、实验装置及材料

（1）任意型号小型加热炉 1 台。

（2）母材：紫铜（40mm×40mm×1mm）4 块。

（3）钎料（其他成分也可）：Sn-3.5Ag，Sn-0.7Cu 各若干。

（4）钎剂：松香酒精溶液、$ZnCl_2$ 等若干。

（5）其他：玻璃滴管、镊子、手套等。

四、实验方法及步骤

（1）准备：将浇注后的各钎料精细分成等量的若干份，然后再将其放置在含松香的坩埚内熔成小球待用。将铜板表面用砂纸打磨，至无毛边、毛刺，然后用酒精清洗，直至表面氧化物去除干净。

（2）钎焊：开启加热设置的电源，将加热装置温度保持在300℃左右；用镊子将放置好钎料和助焊剂的铜片放到加热装置上加热（钎料尽量放置在试片中央）；待钎料完全熔化、铺展均匀后，用镊子取下试板放在平台上冷却。

（3）测量：试片冷却后，观察钎料铺展情况，测定钎料的铺展面积或润湿角的大小，比较各种条件下钎料的润湿性情况，并将数据记录在表 3-8 中。

表 3-8　润湿性实验数据记录表

序号	钎料	钎剂	钎焊金属	加热方式	小球直径 D/mm	铜板与焊点总高度 H/mm	润湿角 θ/(°)	铺展面积 S_R/mm²	润湿情况
1	Sn-3.5Ag	松香酒精溶液	紫铜	电炉					
2	Sn-3.5Ag	$ZnCl_2$-NH_4Cl	紫铜	电炉					
3	Sn-0.7Cu	松香酒精溶液	紫铜	电炉					

五、实验结果整理与分析

（1）测量小球直径、铜板与焊点总高度（每种钎料至少做三个铺展试验，测三个高度，求平均值）、润湿角，计算钎料铺展面积。

（2）影响钎料润湿性的因素主要有哪些？

（3）根据试验结果初步分析钎料和钎剂对润湿性的影响及原因。

六、思考题

（1）评定钎料润湿性的意义是什么？

（2）钎料的润湿性和液体的流动性的概念是否等同？

七、注意事项

（1）实验过程中遇到异常情况，应先切断电源。

（2）实验过程中，应佩戴隔热手套，避免裸手操作，以免烫伤。

（3）试片从加热炉上取下时应力求平稳，避免因震动而使钎料的铺展发生变化。

实验 7　空气炉中钎焊工艺实验

一、实验目的

（1）了解钎焊方法的基本原则和一般特点。
（2）了解金属材料炉中钎焊设备的组成、结构以及工艺流程。
（3）熟悉空气炉中钎焊的工艺过程和特点。
（4）了解钎焊过程中的毛细作用。

二、实验原理

与熔焊、扩散焊相比，钎焊的加热温度较低，而且钎缝周围大面积均匀受热，变形和残余应力均较小。钎料的选择范围较宽，为了防止母材组织和特性的改变，可以选用液相线温度较低的钎料。钎焊反应通常是在母材数微米到数十微米以下的界面附近进行，一般不涉及母材深层的结构，故可实现异种材料之间的连接。但钎焊接头强度低、易腐蚀。目前钎焊工艺在电力电子、航空航天、能源交通等领域有广泛的应用。

炉中钎焊是将装配好钎料的工件放在炉中进行加热焊接，常需要加钎剂，也可用还原性气体或惰性气体保护，加热比较均匀。根据炉中钎焊气氛的不同，可将炉中钎焊分为空气炉中钎焊、保护气氛中钎焊和真空炉中钎焊。空气炉中钎焊是把装配好的焊件放入一般工业电炉中加热至钎焊温度完成钎焊，主要适合于钎焊铝、铜、铁及其合金。钎料可为丝、箔、粉末、膏和带状等。

炉中钎焊具有加热均匀、变形小、设备简单、成本低等特点。钎焊时，均匀加热是保证炉中钎焊质量的重要环节。图 3-9 是空气炉中钎焊设备。

图 3-9　空气炉中钎焊设备

但由于一炉可同时钎焊很多件，生产率仍很高。严格控制焊件加热均匀是保证炉中钎焊质量的重要环节。对于体积较大、结构复杂、组合件各处截面相差较大的构件钎焊时，应尽量保证炉内温度的均匀。

三、实验装置及材料

（1）箱式电炉及控制装置 1 台。
（2）低碳钢板（其规格为 30mm×10mm×3mm）若干块。
（3）黄铜钎料（H62）若干。
（4）$ZnCl_2$、NH_4Cl 等试剂。
（5）砂纸、脱脂棉、丙酮、垫块、量杯、烧杯等。

四、实验内容及步骤

（1）焊接准备：先配制 $ZnCl_2$-NH_4Cl 钎剂待用；用砂纸打磨试板表面氧化膜，然后用丙酮清理试件和钎料表面。

（2）装配试样：采用搭接接头（见图3-10），将钎料预置在母材之间，搭接接头搭接长度3~5mm左右，并在接头处滴上钎剂。

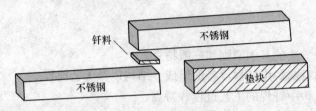

图3-10　试件装配示意图

（3）钎焊：设置好炉膛温度，将装配好的试样放入加热炉中开始加热，待工件温度升高到炉膛温度时即可出炉冷却。

（4）焊后清洗及处理：焊后的构件在空气中冷却后采用NaOH溶液除去残留的钎剂。按照要求进行相应的观察和力学性能测试。

五、实验结果整理及分析

（1）根据试样钎焊时的加热温度、加热时间、保温时间数据，绘制钎焊加热循环曲线图，并分析其特点。

（2）在放大镜下观察钎焊接头外观形貌，看钎角是否圆滑，钎料是否有流淌，钎缝处是否有缺陷；将接头在万能试验机上进行力学试验，记录抗剪强度、断裂位置，计算延伸率。将实验数据记录在表3-9中。

表3-9　试验结果记录表

试样编号	试样表面状态	钎焊温度/℃	加热时间/min	保温时间/min	钎角	缺陷	抗剪强度/MPa	断裂位置	延伸率/%
1	无氧化膜								
2	无氧化膜								
3	无氧化膜								
4	有氧化膜	同1	同1	同1					

（3）分析影响钎焊接头力学性能的因素。

六、思考题

（1）真空钎焊和空气钎焊的原理有何不同？
（2）熔化钎料自动填缝的本质是什么？

七、注意事项

（1）实验过程中遇到异常情况，应先切断电源。
（2）试验过程中为防止烫伤，要戴隔热手套取放工件。
（3）实验过程中不可在高温下打开炉门，以免加热元件损坏。

实验 8　不锈钢真空钎焊工艺实验

一、实验目的

(1) 了解钎焊方法的基本原则和一般特点。

(2) 熟悉钎焊接头的设计、真空钎焊设备及其钎焊工艺规程。

(3) 熟悉不锈钢钎焊材料的选择原则。

(4) 掌握不锈钢真空钎焊的工艺参数设定及接头质量的一般检验方法。

二、实验原理

1. 钎焊的基本概念和特点

钎焊是采用比母材熔点低的金属材料作钎料，钎焊前对工件必须进行细致加工和严格清洗，除去油污和过厚的氧化膜，保证接口装配间隙。间隙一般要求在 0.01~0.1mm 之间。将焊件和钎料加热到高于钎料熔点，低于母材熔化温度，利用液态钎料润湿母材，钎料借助毛细作用被吸入和充满固态工件间隙之间，液态钎料与工件金属相互扩散溶解，冷凝后即形成钎焊接头。

按照国家标准将使用钎料液相线温度 450℃ 以上的钎焊称为硬钎焊，在 450℃ 以下的称为软钎焊。钎料的选择范围较宽，为了防止母材组织和特性的改变，可以选用液相线温度较低的钎料，熔焊则没有这种选择的余地。与熔焊、扩散焊相比，钎焊的加热温度较低，而且钎焊周围大面积均匀受热，变形和残余压力较小，接头光滑美观，适合于焊接精密、复杂和由不同材料组成的构件，如蜂窝结构板、透平叶片、硬质合金刀具和印刷电路板等。并且由于钎焊反应只在母材数微米至数十微米以下的界面附近进行，一般不涉及母材深层结构，因此特别有利于异种金属之间，甚至金属与非金属、非金属与非金属之间的连接，这也是熔焊方法做不到的。钎焊方法的不足之处主要是钎料与母材的成分和性质多数情况下不可能完全相同，接头与母材间会产生不同程度的电化学腐蚀，而且接头强度一般低于母材。

钎焊技术适用于连接不同种类、形状特殊、结构复杂的工件，具有一次可以同时焊接多个焊缝的能力，在电力电子、航空航天、能源交通等国民经济各领域应用广泛。

2. 不锈钢的真空钎焊

不锈钢的主要合金元素为铬，当铬含量超过一定值后就能使钢处于钝化状态，具有优良的抗酸碱腐蚀、抗氧化和抗锈蚀能力。按照组织不同，可将不锈钢分为铁素体不锈钢、马氏体及沉淀硬化型不锈钢、奥氏体不锈钢及奥氏体-铁素体不锈钢。

钎焊时钎料对母材的润湿、铺展和流动过程对钎焊质量起着极其重要的作用。钎料不润湿母材，就无法实现钎焊；钎料不在母材上铺展、流动和填缝，就不可能形成良好的钎焊接头。在不锈钢表面总存在一薄层氧化膜，是熔化钎料润湿母材的主要障碍。在空气中钎焊时必须采用活性强的钎剂以清除氧化物，而真空钎焊时则通过高的真空（10^{-2}Pa 以上）环境和足够高的温度使得氧化物分解来去除氧化膜。以 1Cr18Ni9Ti 不锈钢为例，真空钎焊时，温度达到 900℃ 时，表面氧化膜由于分解和受到碳还原作用首先开裂；当钎焊温度高于 1000℃时，氧化膜开始挥发，熔化的钎料渗过表面氧化层的裂缝优先在母材上沿晶界或表面上的沟槽进行铺展，由于固态的母材向液态钎料溶解，降低了固液界面张力，使液态钎料能够很好地润湿铺展，从而形成了良好的钎焊接头。

不锈钢真空钎焊的钎料，通常有 Au 基钎料、Ag 基钎料、Cu 基钎料以及 Ni 基钎料，如表 3-10 所示。Au 基钎料主要由 Au、Cu 或 Ni 组成，接头塑性好、钎焊质量可靠，但是 Au 基合金钎焊温度高、成本高，因此只在航空、航天和电子工业等特殊场合应用。Ag 基钎料通常是含有 Cu、Zn 和 Cd 的四元 Ag 基合金，具有高的延展性，钎料熔化后流动性和浸润性良好，但是这类合金的钎焊温度范围正是不锈钢析出碳化物的敏感温度范围 500~850℃，会导致母材的耐腐蚀性降低。Cu 基钎料钎焊的主要优点是能够形成高强度的钎焊接头，且成本较低，故 Cu 基钎料在不锈钢高温钎焊中应用广泛。Ni 基钎料的种类很多，如常见的 Ni-Cr-B-Si 系列钎料，具有优良的耐腐蚀性能且成本相对较低。

表 3-10　不锈钢钎焊常用钎料

AWS 分类	成分/%	固相温度/℃	液相温度/℃	钎焊温度/℃
BAu-4	Au-18.5Ni	950	950	950~1005
BAg-1	Ag-15Cu-16Zn-24Cd	607	618	618~760
BAg-3	Ag-15.5Cu-15.5Zn-16Cd	632	688	688~816
BCu-1	≥99.9Cu	1082	1082	1093~1149
BCu-2	≥86.5Cu	1082	1082	1093~1149
BNi-1	Ni-14Cr-4Si-3.5B-4.5Fe	977	1083	1065~1205
BNi-2	Ni-7Cr-4.5Si-3.5B-3Fe	971	999	1010~1180

三、实验装备及材料

（1）真空钎焊炉 1 台。

（2）1Cr18Ni9Ti 不锈钢（也可采用其他牌号不锈钢），规格为 10mm×5mm×3mm 和 30mm×10mm×3mm 的试件若干块。

（3）带状 BNi-2 钎料，剪成段状。

（4）酒精、脱脂棉、不锈钢镊子、石墨坩埚、烧杯、不锈钢垫块、砂纸、吹风机等其他辅助材料。

四、实验内容及步骤

1. 实验内容

本实验以 BNi-2 作为钎料，通过真空钎焊工艺焊接 1Cr18Ni9Ti 不锈钢。

2. 具体实验步骤

（1）焊前准备：采用酒精清洗去除不锈钢试件表面的油污，并用砂纸打磨至出现光洁的金属表面，随后再次用酒精冲洗，吹风机冷风吹干。钎料表面用酒精清洗，吹干。

（2）装配试件：试样采用搭接接头进行装配。按照图 3-11 所示装配顺序，将带状钎料预置在不锈钢母材之间，搭接接头搭线长度 3~5mm 左右，为防止钎焊过程中试件位置发生偏移，可采用适当夹具将待焊工件两侧夹持。由于真空钎焊设备的扩散泵需要油温达到一定值时才能工作，所以在准备试件的同时可以进行扩散泵的预热。

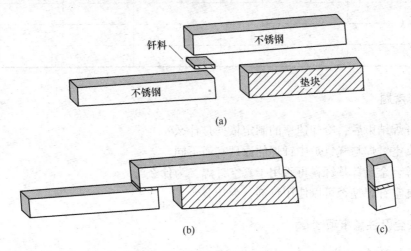

图 3-11　试件装配示意图
（a）装配顺序；（b）性能测试试件；（c）金相试件

（3）钎焊过程：将装配好的试件放入真空炉中，启动机械泵抽取真空，同时接通扩散泵加热电炉。设置升温曲线，待炉中真空度达到 1.0×10^{-3} Pa 后，接通真空炉电源，开始钎焊加热。加热至规定温度后保温 5min，然后关闭加热电源，随炉冷却。从加热开始，以 100℃ 为间隔，记录加热时间和真空度。

在钎焊工艺参数的选择上，在保证钎料完全熔化、良好润湿的前提下，要尽量选择低的钎焊温度，以避免不锈钢晶粒的猛烈长大，同时要与热处理制度相匹配，以获得最佳力学性能。对奥氏体不锈钢来说，一般钎焊温度选择 1000~1100℃ 之间，温度超过 1150℃，晶粒猛烈长大，且晶粒一旦长大就不能再用热处理的方法使其细化，故奥氏体不锈钢在钎焊参数的选择时应避免在 1150℃ 以上长时间加热。保温时间选择应在保证钎料充分润湿母材的前提下，采用尽量短的原则。一般不锈钢真空钎焊的保温时间为 10~15min。本实验可在此范围内制定具体实验参数，探究其他条件不变的情况下，钎焊温度或保温时间对焊接接头的影响。

（4）焊后处理。待充分冷却后，关停真空机组，打开炉门，取出试件，按照要求进行相应的观察和力学性能测试。

五、实验结果与数据分析

（1）根据钎焊时记录的真空炉加热温度、真空度和加热时间等数据，绘制钎焊加热循环曲线，并分析其特点。

（2）试样焊接完成从炉中取出后，首先在放大镜下观察钎焊接头的外观，看其钎角是否圆滑，钎料是否有流淌，以及是否发生熔蚀及未焊合等表面缺陷；用万能拉伸试验机测试接头抗剪强度，记录断裂位置、计算延伸率，并观察断口内是否有气孔等缺陷，将结果录入表 3-11 中。

表 3-11　试验结果记录表

试样编号	钎焊温度 /℃	保温时间 /min	钎角	抗剪强度 /MPa	延伸率 /%	断裂位置	缺陷

六、思考题

（1）钎焊结束后，冷却速率的制定依据是什么？

（2）真空钎焊与气氛炉中钎焊的原理有何不同？

（3）锌合金及锌基钎料可否用于真空钎焊，为什么？

（4）真空钎焊是否可以使用钎剂，为什么？

七、安全及注意事项

（1）试样放入真空炉后，一定要关闭真空室的门后再启动真空泵，防止损坏泵系统。

（2）只有当真空度达到设定值后才可以启动加热系统，防止试件在低真空情况下发生氧化。

（3）不可在高温情况下打开炉门，防止工件氧化及加热元件损坏。

（4）遇到设备报警的情况，首先按"复位"键，然后根据具体报警提示检查循环水、冷却器等的状态，必要时请示设备管理人员。

（5）若遇到实验过程中突然停电事故，应立刻启动备用电源；无备用电源，迅速采取外部措施冷却扩散泵，避免扩散泵出现高温氧化失效。

焊接结构实验

实验1　板边堆焊弯曲变形测量实验

一、实验目的

（1）理解沿板边纵向堆焊时，纵向弯曲变形的动态过程，并深入了解焊接过程中瞬时弯曲挠度的变化规律。

（2）了解测量焊接过程动态变形的方法，掌握基本操作技能。

（3）掌握结构因素及焊接线能量对焊接弯曲挠度的影响规律。

二、实验原理

将板条一端刚性固定，并沿上侧边缘纵向敷焊，如图4-1（a）所示。在整个焊接加热及冷却过程中，因宽度方向上形成不对称的温度场，故板条将产生纵向弯曲变形。在焊接加热过程中，上侧边缘因受热膨胀使板条自由端向下位移（表示为-f），如图4-1（b）所示。在焊后冷却时，上侧边缘冷却收缩使板条自由端向上位移（表示为+f），如图4-1（c）所示。根据这一变化规律，可以了解焊接过程动态弯曲变形的变化规律。

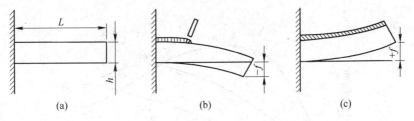

图4-1　沿板边缘敷焊时的板条弯曲变形
(a) 焊前，$f=0$；(b) 始焊后，$-f$；(c) 焊后冷却，$+f$

在板条长度 L 保持不变时，板条宽度 h 对焊接加热冷却所引起的弯曲挠度 f 有明显影响，如图4-2所示。板宽 h 增大时，其截面惯性矩 J 和抗弯刚度 E_J 也增大，因而使板条纵向弯曲挠度值随之减小。

焊接线能量对板条弯曲挠度也有较大的影响，若 L、h、$v_{焊}$ 均不变，随着焊接电流 I 的增大，在焊接加热过程中，板条的最大弯曲挠度也不断增加。在冷却过程中，由于板条金属受热塑性变形区的尺寸及沿宽度方向的温度分布这两个因素的综合影响，板条的瞬时弯曲挠度及最终的残余弯曲挠度与 I 之间并非单调的线性关系，是一个由小变大，再由大变小的关系，如图4-3所示。

综上所述，可整理出 I-f 的关系曲线，如图4-4所示。存在一个残余弯曲挠度 $f_{残}$ 为最大的临界焊接电流 $I_{临}$。

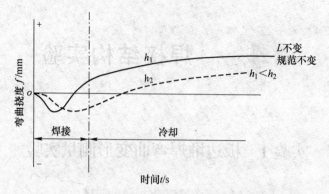

图 4-2　板条宽度 h 对于弯曲变形的影响

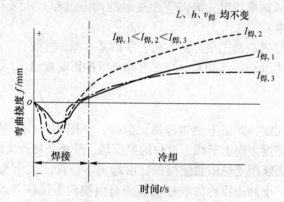

图 4-3　焊接电流（$I_{焊}$）与板条弯曲挠度的关系

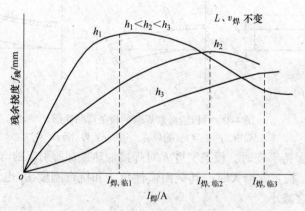

图 4-4　板条自由端残余弯曲挠度 $f_{残}$ 与 $I_{焊}$ 及 h 的关系

三、实验装置及实验材料

（1）交流或直流焊机（可显示电流和电压）1 台。

（2）板条夹持装置（自制）1 套。

（3）位移传感器（有效行程 ±10mm）1 套。

（4）*X-Y* 函数记录仪 1 台。

（5）Q235 低碳钢板（经 500~600℃ 保温 4~6h 高温回火）。

450mm×60mm×8mm，3 块；

450mm×80mm×8mm，1 块；

450mm×100mm×8mm，1 块。

（6）直径 ϕ4mm 焊条（E5015）若干。

（7）百分表 1 个。

（8）其他工具。

四、实验方法及步骤

（1）取 $h_1 = 60$mm 低碳钢板一块，安装在自制的夹持装置上，保持一端固定牢固（见图 4-5）。

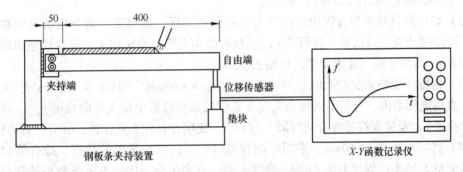

图 4-5　实验装置示意图

（2）将位移传感器嵌入板条自由端事先开好的槽口中，利用垫块调整传感器的位置，保证位置传感器具有 ±10mm 以上的位移余量，并将位移传感器与 *X-Y* 函数记录仪或计算机数据采集卡连接。

（3）用百分表标定位移传感器，调整 *X-Y* 函数记录仪，使 *X-Y* 记录仪的记录笔位于记录纸的中部。测出记录纸上每厘米相当挠度多少毫米。

（4）保持选定的焊接电流 I_1 及焊接速度 v 不变，在 $h_1 = 60$mm 的板条边缘进行纵向敷焊，焊接方向为自板条的固定端开始向自由端敷焊，焊接电弧引燃后即启动秒表计时，同时 *X-Y* 记录仪走纸，记录仪即自动绘出焊接过程加热及焊后冷却时的 *f-t* 曲线。

（5）焊接完毕后，随即关停秒表，记录焊接时间 t（s），但仍保持 *X-Y* 函数记录仪继续工作，因为此时板条的变形仍在继续进行，只有当 *X-Y* 函数记录仪的记录笔所绘出的线基本保持水平时，方可停笔关机，施焊时应记下焊接电流 I 及电弧电压 U 的值。

（6）采用步骤 5 的焊接规范，重复（2）~（5）步骤，施焊 $h = 80$mm、100mm 的板条各一块，可分别得到不同板宽的 *f-t* 曲线。

（7）采用不同的焊接电流 I_2 和 I_3（保持焊接速度 v 不变），在 $h_1 = 60$mm 的钢板上堆焊，可分别得到不同焊接热输入时的 *f-t* 曲线。

（8）焊接过程中需要记录和计算的数据如表 4-1 所示。

注：分组进行实验时，不同小组采用不同规范进行操作，并相互交换数据。

表 4-1　焊接过程记录的数据和计算的数据

钢板条尺寸 h/mm	焊接电流 I/A	焊接时间 t/s	焊道实际长度 L/mm	焊接速度 $v/\text{mm} \cdot \text{s}^{-1}$	焊接线能量 $E/\text{J} \cdot \text{mm}^{-1}$
$h_1 = 60$	I_1	t_1	L_1	v_1	E_1
$h_1 = 80$	I_1	t_2	L_2	v_2	E_2
$h_1 = 100$	I_1	t_3	L_3	v_3	E_3
$h_1 = 60$	I_2	t_4	L_4	v_4	E_4
$h_1 = 60$	I_3	t_5	L_5	v_5	E_5

五、实验结果整理和分析

（1）I 及 U 值取焊接过程中仪表指针稳定指示的平均值，v 值取根据秒表记录的焊接时间 t 与量得的焊道长度算出的平均速度。

（2）焊接加热及冷却过程中可能发生一些偶然因素，如焊条可能与板条表面粘住或顶触，冷却时渣壳大块崩裂，都可使 f 的读数有微小突跳，表现在 $X\text{-}Y$ 记录仪绘出的曲线上。因此 $f\text{-}t$ 曲线上出现此类突变，可略去不计。

（3）根据实验结果，绘制同一焊接电流 I 下，$h = 60\text{mm}$、80mm 及 100mm 的 $f\text{-}t$ 曲线于同一直角坐标系内，分析不同板条宽度 h 在焊接加热过程中最大弯曲挠度 $f_{\max}$，冷却后的残余挠度 f_{end} 及挠度符号改变的时间 t（$f = 0$），说明存在什么规律性，并分析其原因。

（4）将同一板宽 $h = 60\text{mm}$，采用不同规范（I、v）试验所得的数据，综合绘制不同焊接线能量 E 或不同焊接电流 I 的 $f\text{-}t$ 曲线于同一直角坐标系内。着重分析焊接规范参数或线能量与 $f_{\text{残}}$ 之间的关系，以及是否存在临界焊接电流 $I_{\text{临}}$ 或临界焊接线能量 $E_{\text{临}}$，并分析其原因。

六、思考及讨论

（1）板边堆焊时，板条自由端的纵向弯曲挠度为什么会有符号的改变，符号改变时间为什么与焊接时间不一致？

（2）实验结果与理论是否有差异？分析其原因。

七、注意事项

（1）焊前板条要夹持紧固，焊接过程中和焊后均要避免碰撞夹持装备，尤其要防止对位移传感器的触动。

（2）焊接过程中需要更换焊条的时间要尽量短，尽早做好衔接准备。

（3）焊接操作时，穿戴的衣服鞋袜要具有保护功能，观察要保持一定距离，焊接刚结束时，不要用手直接触摸。

（4）实验曲线应该有刻度，单位标注齐全，绘制的比例尺选择适当。

实验 2 焊接残余应力应变测量实验

一、实验目的

(1) 了解采用应力释放原理测量焊接接头残余应力的方法和步骤。

(2) 初步掌握测定接头中焊接残余应力应变的基本操作技能。

(3) 熟悉焊接接头中焊接残余应力应变分布规律性。

(4) 了解焊接方法对于焊接残余应力的峰值及分布的影响。

二、实验原理

焊接残余应力的测定方法，按其原理可分为应力释放法，X 射线法与磁性法等。其中以应力释放法应用较为普遍。而应力释放法又可分为小孔法（盲孔法）、套孔法与梳状切条法，其中又以小孔法对接头的破坏性最小。

1. 小孔法

取一块钢板，在钢板的应力场中钻出一个小孔（盲孔）以后，应力场原来的平衡状态将受到破坏，使小孔周围的应力分布发生改变，应力场产生新的平衡（见图 4-6）。若测得钻孔前后小孔附近应变量的差值，就可以根据弹性力学理论推算出小孔处的内应力。为了测得这种应变量的变化，在离小孔中心一定部位处贴上应变片，且各应变片间保持一定角度（见图 4-6）。

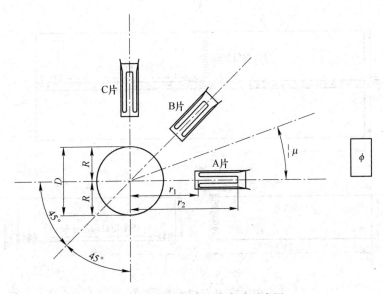

图 4-6 小孔法测内应力布片示意图

分别测出钻孔前后各应变片的应变值。便可按下式算出主应力的大小和方向。

$$\sigma_1 = \frac{\varepsilon_A(K_1 + K_2\sin\gamma) - \varepsilon_B(K_1 - K_2\cos\gamma)}{2K_1 K_2(\sin\gamma + \cos\gamma)}$$

$$\sigma_2 = \frac{\varepsilon_B(K_1 + K_2\cos\gamma) - \varepsilon_A(K_1 - K_2\sin\gamma)}{2K_1K_2(\sin\gamma + \cos\gamma)}$$

其中

$$K_1 = \frac{(1+\mu)R^2}{2r_1r_2E}$$

$$K_2 = \frac{2R^2}{r_1r_2E}\left[\frac{R^2(1+\mu)}{4} \cdot \frac{r_1^2 + r_1r_2 + r_2^2}{r_1^2r_2^2} - 1\right]$$

$$\gamma = -2\phi = \arctan\frac{2\varepsilon_B - \varepsilon_A - \varepsilon_C}{\varepsilon_A - \varepsilon_C}$$

式中，ε_A、ε_B 及 ε_C 分别为电阻应变片 A、B 及 C 的应变量差值；μ 为泊松比；E 为材料杨氏模量。

钻盲孔时一般取孔深为 $(0.8 \sim 1.0)D$，孔径 D 为 $2 \sim 3\text{mm}$。

2. 梳状切条法

该方法是根据应力释放原理和边界效应来测定焊接接头中的纵向残余应力 σ_x 及横向残余应力 σ_y。其具体的做法是：将待测应力截面沿 ox 轴锯开，此时形成一个新端面（见图 4-7（a））。此端面在垂直于该面的方向上不受到约束，因此该端面附近区域金属中的大部分应力将获得释放，若再在该新端面的垂直方向锯出若干梳状切口，以解除相邻梳条金属材料之间的相互约束，则内应力又获得进一步释放，从而可测量出 ox 轴线上的 σ_y 分布（见图 4-7（b））。

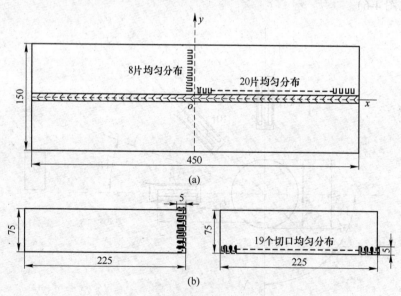

图 4-7　梳状切条法示意图

（a）对接接头试板布片；（b）梳状切口

如果梳条很窄，可近似认为内应力已全部得到释放。因而可用电阻应变仪测量试板所释放的焊接残余应变，并求出焊接残余应力。

对于某一梳条，用电阻应变仪量得释放应力前的 y 方向应变为 ε_{y0}，释放应力后的 y

方向应变为 ε_{y1}，则 y 方向上的焊接残余应力为：

$$\sigma_y = - E(\varepsilon_{y1} - \varepsilon_{y0}) = E\varepsilon_y \tag{4-1}$$

用同样方法，测量沿 Δy 线分布的 σ_y 分布，对于某一梳条，电阻应变仪量得释放应力前后的 x 方向应变分别为 ε_{x0} 及 ε_{x1}，则 x 方向上的残余应力分布为：

$$\sigma_x = E(\varepsilon_{x1} - \varepsilon_{x0}) = E\varepsilon_x \tag{4-2}$$

三、实验装置及实验材料

（1）直流（或交流）电焊机 1 台。

（2）氩弧焊机 1 台。

（3）静态电阻应变仪 1 台。

（4）预调平衡箱 1 台。

（5）数字万用表 1 个。

（6）电流互感器 1 只。

（7）数字万用表 1 个。

（8）30CrMnSiA 钢板 450mm×75mm×8mm，4 块。

（9）直径 ϕ4mm 焊条 HT-3/H18CrMoA，1kg。

（10）直径 ϕ1.6mm 焊丝 H18CrMoA，2kg。

（11）应变片（2.8mm×15mm，纸基）60 片。

（12）0 号纱布、丙酮、502 号胶、绝缘胶布、石蜡、导线、锡焊工具、钎料、钎剂、锯弓及锯条等各若干。

四、实验方法及步骤

1. 实验准备

（1）分别采用氩弧焊及焊条电弧焊，取相同的焊接线能量，将经高温回火尺寸如图 4-7（a）所示的 30CrMnSiA 钢板，各焊一个焊接接头，或进行表面纵向敷焊，此时焊前钢板需开 60°坡口。

（2）用 0 号铁纱布打磨接头试板上待测应力部位表面，使表面干净，无氧化物，然后用丙酮进行清理，以除去表面的油污等。

（3）按图 4-7（b）所示，用 502 号胶将电阻应变片牢贴于试板各测量点，点间隔 10mm 贴 1 片应变片，接头试板只在纵半轴与横半轴上布片，应选取阻值尽可能相同的电阻应变片进行贴片，便于以后测量过程中的预调平衡。贴片后进行 24h 自然干燥。若需加热干燥，则温度不得高于 80℃。

（4）用数字万用表检查电阻片的粘贴质量，并要求应变片的引线与试板间的绝缘电阻不小于 200MΩ。

（5）将电阻应变片的引线与导线用锡焊法焊于一起，而后用电工绝缘胶布缠紧并封蜡。

2. 应变测量

（1）将接头试板上各应变片接入附有预调平衡箱的电阻应变仪回路，如图 4-8 所示。

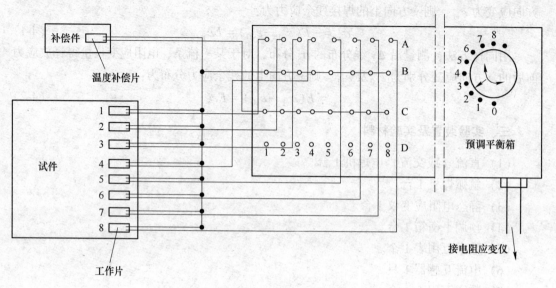

图 4-8   电阻应变片与电阻应变仪接线示意图

（2）用电阻应变仪测量接头试板上各应变片的初始应变读数 ε_{x0} 及 ε_{y0}，记录下数据并填入表 4-2 和表 4-3 中。最好用预调平衡箱将各应变片的初始应变读数均调至零值。

（3）将焊接试板夹于虎钳上，用手锯按图 4-7 所示部位及尺寸锯成梳状切口，待试板温度恢复至室温后用电阻应变仪再次测量接头试板上各相应电阻片的应变读数 ε_{xi}（$i=1$，2，3，…，8）及 ε_{yj}（$j=1$，2，3，…，19），并记录下数据填入表 4-2 和表 4-3 中。

五、实验结果整理和分析

（1）将测量出的各应变量按测量点序号填入表 4-2 及表 4-3 中。

（2）计算各测量点的焊接残余应力 σ_x 及 σ_y 的值，填入表 4-2 及表 4-3 中。

表 4-2 x 方向的应变量及残余应力

测量点 项目	1	2	3	4	5	6	7	8	…
ε_{x0}									
ε_{xi}									
$\varepsilon_x=\varepsilon_{xi}-\varepsilon_{x0}$									
σ_x/Pa									

表 4-3 y 方向的应变量及残余应力

测量点 项目	1	2	3	4	5	6	7	8	…
ε_{y0}									
ε_{yj}									
$\varepsilon_y=\varepsilon_{yj}-\varepsilon_{y0}$									
σ_y/Pa									

若为单向内应力，则根据虎克定律，用式（4-1）或式（4-2），求出 σ_x 及 σ_y。

若为双向内应力，则应测量释放应力前后的两个方向的应变量 ε_x 和 ε_y，而后根据广义虎克定律，用式（4-3）或式（4-4）求得：

$$\sigma_x = -\frac{E(\varepsilon_x + \mu\varepsilon_y)}{1 - \mu^2} \tag{4-3}$$

$$\sigma_y = -\frac{E(\varepsilon_y + \mu\varepsilon_x)}{1 - \mu^2} \tag{4-4}$$

式中，$E = 20.58 \times 10^{10}\,\text{Pa}$；$\mu = 0.30$，算出的应力符号为正时，应力为拉伸残余应力；符号为负时，则为压缩残余应力。

（3）根据计算出的焊接残余应力 σ_x 及 σ_y 值，在直角坐标纸上绘出焊接接头中的纵向残余应力与横向残余应力分布曲线。可以认为沿接头试板横截面上的 σ_x 与试板纵截面上的 σ_y 分别对称于 x 轴及 y 轴分布。

（4）对实验得到的接头纵向残余应力 σ_x 及横向残余应力 σ_y 的分布曲线以及应变曲线进行分析与讨论。

六、思考及讨论

（1）根据测定结果分析纵向残余应力和横向残余应力中，哪种方向的残余拉伸应力较大，并说明原因。

（2）实验所得到的焊接残余应力应变分布曲线与横坐标所围成的正、负两部分面积是否相等？如果不相等，试分析产生这种结果的原因。

七、注意事项

（1）应严格按照应变片的粘贴技术要求进行操作并进行检查，否则将影响测量精度。

（2）在贴片、接线和锯切过程中，要细心，防止任何一根引线断裂，影响测量结果。

（3）注意各应变片与预调平衡箱和应变仪调节的对应关系，避免混淆。

（4）焊接操作时，穿戴的衣服鞋袜要具有保护功能，观察要保持一定距离，焊接刚结束时，不要用手直接触摸。

实验3　平板堆焊焊接残余变形的测量实验

一、实验目的

（1）掌握平板收缩变形、挠曲变形及角变形的基本测量方法。
（2）熟悉平板堆焊收缩变形、挠曲变形及角变形的产生原因和分布规律。
（3）了解不同厚度、不同线能量对收缩变形、挠曲变形及角变形大小的影响。
（4）薄板焊接变形的先进控制方法及原理。

二、测量方法

1. 横向收缩变形的测量

横向收缩变形采用引伸仪来测量。引伸仪结构如图 4-9 所示，2mm 板测点分布如图 4-10 所示，6mm 板测点分布如图 4-11 所示。

对应图 4-11 中 A、B、C、F、G、H 六条竖线，把引伸仪的活动支腿 3 放在竖线 L 上的样冲孔内，拉动引伸仪使固定支腿 4 放在横线 P 上对应的孔内，从百分表中读出焊前孔间距的原始数值 B_0，焊后测出间距数值 B_1，其差值即为焊接所引起的横向收缩变形值。由于上下表面收缩量不一样，取上下表面差值的平均值即为该位置的横向收缩变形值。

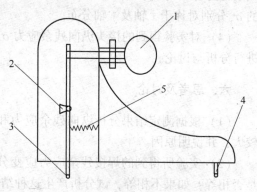

图 4-9　引伸仪结构示意图
1—百分表；2—铰链；3—活动支腿；
4—固定支腿；5—弹簧

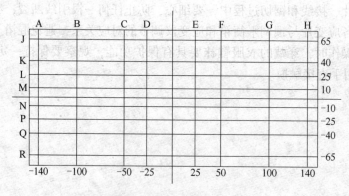

图 4-10　2mm 板测点分布

2. 挠曲变形的测量

挠曲变形的测量采用带支腿的钢板尺和游标卡尺来测量，如图 4-12 所示。

图 4-12 中，1 为带支腿的钢板尺，2 为试件。使用游标卡尺分别测出焊前、焊后的高度 h，分别记为 h_1、h_2，两者差值即为焊接所引起的挠曲变形。对 2mm 板需测量图 4-10 中 J、K、L、M、N、P、Q、R 八条横线上的挠曲变形。对 6mm 板需测量图 4-11 中 J、L、

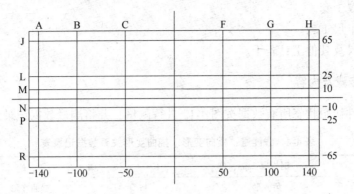

图 4-11　6mm 板测点分布

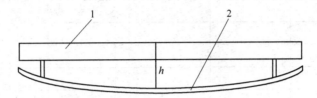

图 4-12　挠曲变形测量示意图

M、N、P、R 六条横线上的挠曲变形。

3. 角变形的测量与计算

角变形的测量同样采用带支腿的钢板尺和游标卡尺来测量，但需进行计算。

如图 4-13 所示，可以分别计算出 α_1、α_2。在 h_1、L_1 和 h_3、L_2 为定值时只要测出 h_2、h_4 的值就可以计算出 α_1、α_2，也即可算出角度来。由于所用试件焊前不是绝对平整的，焊前焊后均应测量其差值，即为焊接所引起的角变形。对 2mm 板要测量图 4-10 中 A、B、C、D、E、F、G、H 八条线上的角变形。对 6mm 板要测量图 4-11 中 A、B、C、F、G、H 六条线上的角变形。

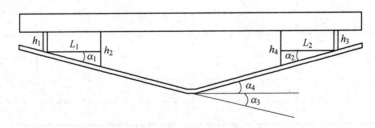

图 4-13　角变形的测量示意图

三、实验装置及材料

（1）CO_2 全自动气体保护焊机 1 台。

（2）试件材料及尺寸：Q235 钢，300mm×150mm×2mm，4 块；Q235 钢，300mm×150mm×6mm，2 块。

（3）直径 ϕ1.2mm 的 H08 焊丝，1~2kg。

（4）CO_2 气体 1 瓶。

（5）引伸仪 1 套。

（6）游标卡尺 1 副。

（7）钢板尺及其他工具若干。

四、实验步骤及内容

（1）对试件初始状态所有数据按图 4-12 进行测量，并将测量数据记录到表 4-4 中。

表 4-4　线能量、横向变形、挠曲变形关系数据记录表

测点位置	钢板厚 2mm，$I=$　　，$U=$　　，$v=$　　，$E=$					
	角变形			挠曲变形		
	α_0	α_1	α	f_0	f_1	f
1						
2						
3						
4						
5						
6						
7						
8						
平均						

测点位置	钢板厚 6mm，$I=$　　，$U=$　　，$v=$　　，$E=$								
	角变形			横向收缩			挠曲变形		
	α_0	α_1	α	β_0	β_1	β	f_0	f_1	f
1									
2									
3									
4									
5									
6									
平均									

注：α_0—焊前角变形；α_1—焊后角变形；α—焊接所引起的角变形；β_0—焊前引伸仪读数；β_1—焊后引伸仪读数；β—焊接所引起的横向收缩变形；f_0—焊前挠曲变形；f_1—焊后挠曲变形；f—焊接所引起的挠曲变形。

（2）取 2mm 钢板一块，将其表面打磨干净，沿钢板纵向方向（即长度方向）中间位置从左到右采用气体保护焊机在钢板表面进行堆焊，焊接实验规范参数见表 4-5。

（3）测量试件焊后的所有数据，并记录在表 4-4 中。

（4）重复（2）～（3）步对 6mm 板按表 4-5 中的两种规范各焊一块。

注：6mm 板横向收缩、角变形以及挠曲变形均需要测量；2mm 板只测角变形及挠曲变形。

表 4-5　焊接过程记录的数据和计算的数据

钢板厚度 /mm	焊接电流 I/A	电弧电压 U/V	焊道实际长度 L/mm	气体流量 $/L \cdot mm^{-1}$	焊接速度 $v/m \cdot h^{-1}$	焊接线能量 E $/J \cdot mm^{-1}$
2	80	22	L_1	10~12	30	E_1
2	100	22	L_2	10~12	30	E_2
2	130	22	L_3	10~12	30	E_3
2	160	22	L_4	10~12	30	E_4
6	130	22	L_5	10~12	30	E_5
6	160	22	L_6	10~12	30	E_6

五、实验结果整理和分析

（1）把测量数据或计算结果填入自制表格中。

（2）绘制出横向收缩变形沿板纵向的分布曲线，比较不同线能量时，横向收缩变形有何不同，并分析其原因。

（3）绘制出挠曲变形沿板横向的分布曲线，分析其原因。

（4）绘制出角变形沿板纵向的分布曲线，比较采用不同线能量时角变形有何不同，并分析其原因。

（5）分析厚度分别为 2mm、6mm 钢板角变形的特点，比较二者有何不同，并分析其原因。

六、思考及讨论

（1）分析影响挠曲变形的因素，提出控制挠曲变形的措施。

（2）分析板厚对焊接角变形的影响规律。

七、注意事项

（1）为提高实验的精度，焊接时尽量沿钢板纵向方向焊完。

（2）焊接操作时，穿戴的衣服鞋袜要具有保护功能，并告知周边的学生，防止强烈的弧光伤眼。

（3）焊接刚结束时，不要用手直接触摸，以免烫伤。

实验 4　T 形焊接结构变形测量实验

一、实验目的

（1）掌握 T 形焊接结构产生挠曲变形及角变形的原因和分布规律。
（2）熟悉 T 形焊接结构挠曲变形及角变形的测量方法。
（3）掌握埋弧焊机的使用方法。
（4）掌握不同的线能量对 T 形焊接结构弯曲变形的影响规律。

二、实验方法

　　影响焊接变形量大小的因素主要有焊接方法、焊接规范（也即焊接线能量）、焊件截面的几何特性、焊缝偏离截面形心的距离、焊缝长度、施焊方法、装焊顺序等。焊接构件产生弯曲变形主要原因是焊缝位置偏离焊接构件的中心层，焊缝纵向收缩或焊缝横向收缩。对于一个确定的焊件来说，其他情况都相同时，焊接线能量的大小会影响构件收缩变形、角变形和弯曲变形的大小，线能量越大，变形也越大。如图 4-14 所示的焊接构件，1、2 处为焊缝。焊接后构件底板会产生角变形，同时整个构件会产生上挠变形，焊后的结构如图 4-15 所示。同时通过测量可比较理论估计值与实际测量的挠度值之间的差异。

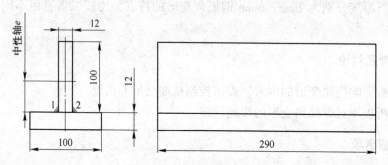

图 4-14　T 形梁构件组装图

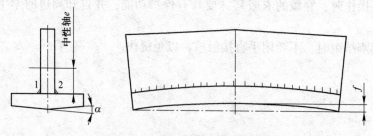

图 4-15　T 形梁焊接后变形示意图

　　双面角焊缝产生的挠度 f(cm) 理论估算见式（4-5）：

$$f = 0.86 \times 10^{-6} \times \frac{eq_v L^2}{8I} \tag{4-5}$$

式中　e——焊缝轴线到焊件中性轴之间的距离，cm；

L——焊缝长度，cm；

I——焊件截面惯性矩，cm^4；

q_v——焊接线能量，J/cm。

三、实验装置及材料

为了减少人为因素的影响，本实验采用自动埋弧焊机进行焊接试验。

（1）设备：自制焊接操作胎具、MZ-630 焊机（或其他型号的埋弧焊机）、测量平台、钢尺、锤、氧乙炔气割成套设备、手动砂轮机等。

（2）钢板规格：Q235，（250～300）mm×（70～100）mm×12mm（钢板厚度为 8～12mm 均可），钢板数量为 8 块（每组需要 2 块钢板）。

（3）焊接材料：埋弧焊丝 H08A，直径为 ϕ4mm；焊剂为 HJ431。

（4）其他工具等。

四、实验步骤

（1）下料：按照板材的规格划线并采用等离子切割机切割。

（2）修整：打磨毛刺至光滑，去除表面的锈、油、氧化皮，并对其钢板进行矫平处理。

（3）装配：按照图 4-14 装配位置划装配尺寸线，并装配好试件，然后用手工电弧焊点固。点固后检查垂直度，装配应尽量做到弯曲变形为零，以消除测量误差。

（4）焊接：将埋弧焊机调整到适当的参数并进行焊接（参数记录在表 4-6 中），焊接均是同方向施焊。

表 4-6　实验焊接工艺规范记录

序号	焊接方法	焊脚尺寸 /mm	电流 I/A	电压 U/V	焊缝长度 L/mm	焊接速度 v/m·h^{-1}	线能量 E /J·cm^{-1}	挠度 f	角变形 α 大小（用 tanα 表示）
1									
2									
3									
4									

（5）测量：等冷却到室温后测量角变形的大小，即 α；测量挠度 f 的大小。

五、实验结果整理和分析

（1）比较线能量的变化对挠度 f 的影响，绘出焊接线能量对挠度大小的影响曲线，如图 4-16 所示。

（2）分析不同的线能量对底板角变形的影响，并绘出焊接线能量大小对底板角变形大小的影响曲线，如图 4-17 所示。

（3）理论估算结果，分析实际测量值与理论值的差异。

六、思考及讨论

分析板厚对 T 形焊接结构挠曲变形的影响规律。

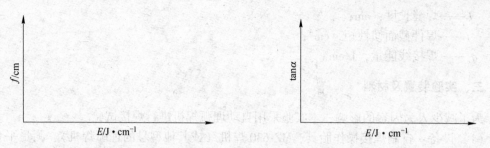

图 4-16　焊接线能量对挠度影响曲线　　　　　图 4-17　焊接线能量对角变形大小的影响曲线

七、注意事项

（1）为提高实验的精度，焊接时尽量沿钢板焊缝方向焊完。

（2）焊接刚结束时，不要用手直接触摸，以免烫伤。

实验 5 落锤冲击实验

一、实验目的

（1）了解落锤实验机的基本结构，熟悉工作原理。

（2）掌握落锤实验的试样制备技术及基本操作流程。

（3）了解金属材料动态撕裂试验的基本原理。

（4）熟悉国家标准《铁素体钢无塑性转变温度 NDT 落锤试验方法》（GB/T 6803—2008），并掌握其测试方法。

二、实验原理

落锤实验又称落重试验，是一种冲击试验方法。重锤从一定高度落到一系列选定温度的试样（片、薄膜、制品）上，测定试样发生脆性断裂的最高温度。该方法测试结果与实际情况接近，是一种简便又实用的方法。该方法是用以测定铁素体钢（包括板材、型材、铸钢和锻钢）无塑性转变（NDT）温度的一种特殊冲击试验。无塑性转变（NDT）温度是指按标准试验时，标准试样发生脆性断裂的最高温度，它表征含有小裂纹的钢材在动态加载屈服应力下发生脆断的最高温度。本实验是将给定材料的一组试样中的每一个试样分别在一系列选定的温度下施加单一的冲击载荷，测定试样断裂时的最高温度。

落锤实验属于动载简支弯曲实验，其原理如图 4-18 所示。实验时从受拉伸的表面中心平行长边方向堆焊一段脆性焊道，然后在焊道中央垂直焊道方向锯开一个人工缺口，再把试件缺口朝下放在砧座上。砧板两支点中部有限制试件在加载时产生挠度的止挠块。实验时在不同温度下用锤头冲击，根据试件类型及试验钢材的屈服点按照标准选择落锤能量，实验温度一般是 5℃ 的整数倍（即每相差 5℃ 的试板做一个落锤冲击试验），直到能断成两段为止。能断成两段时的温度即为该钢材的无塑性转变温度，该温度误差将不超过 5℃。

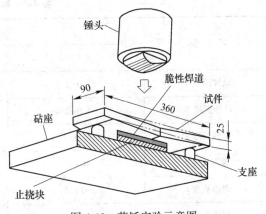

图 4-18 落锤实验示意图

通过对焊缝在一系列温度下的落锤实验结果，可以得到其 NDT 值，利用 NDT 值一方面可以评估该焊接结构所允许的最低服役环境温度，如果服役环境温度低于 NDT 值，则该结构存在发生脆性断裂的危险；另一方面，可以根据 NDT 值为某特定环境温度下（一般是低温）服役的钢结构选择母材、焊材及其焊接工艺以保证结构在该温度下不会发生脆性断裂。

三、实验设备及材料

（1）落锤实验机（包括测量系统和数显测温仪）1 台。

（2）实验材料：铁素体钢板（$\delta \geqslant 12mm$）。

（3）标准试样的形状及尺寸见图 4-19 和表 4-7。

（4）试样数量：测定 NDT 温度所需要的试样数量取决于实验操作者对材料的熟悉程度和实验过程的正确性，一般情况下需要 6~8 个试样。

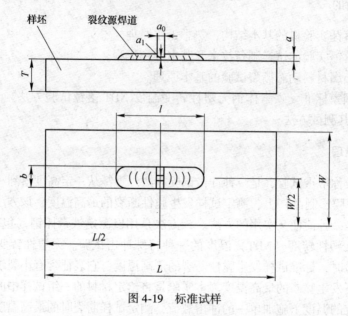

图 4-19　标准试样

表 4-7　标准试样　　　　　　　　　　　　　　　　　　　　　　（mm）

名　　称	试　样　型　号		
	P1	P2	P3
试样厚度 T	25.0±2.5	20.0±1.0	15.0±0.5
试样宽度 W	90.0±2.0	50.0±1.0	50.0±1.0
试样长度 L	360.0±5.0	130.0±2.5	130.0±2.5
焊道长度 l	40~65	20~65	20~65
焊道宽度 b	≤1.5	≤1.5	12~16
焊道高度 a	≤1.5	≤1.5	3.5~5.5
缺口宽度 a_0	≤1.5	≤1.5	≤1.5
缺口底高 a_1	1.8~2.0	1.8~2.0	1.8~2.0

四、实验内容及步骤

（1）设定实验初始温度和提锤高度。实验温度一般取 5℃ 的整数倍。通常首次实验温度可以根据实验者的经验估计 NDT 温度来确定，后续实验温度也可以根据实验者的经验或参考表 4-8 所推荐的温度进行。

表 4-8 推荐的后续实验温度

在温度 t（℃）试验后的试样断裂情况		推荐的后续实验温度/℃
断裂	断为两半	$t+30$
	裂纹扩展到受拉面两个棱边	$t+(10 \sim 20)$
	裂纹扩展到受拉面一个棱边	$t+(5 \sim 10)$
未断裂	堆焊缺口未断裂	无效实验
	裂纹扩展到试样表面长度小于 1.6mm	$t-30$
	裂纹扩展到试样表面长度大于 3.2mm，小于 6.4mm	$t-20$
	裂纹扩展到试样边缘和焊趾的距离一半	$t-10$
	裂纹扩展到试样边缘的距离小于 6.4mm	$t-5$

实验温度在室温至 100℃ 的温度范围内，可用水作为热源。若实验温度低于室温，可用酒精、干冰、液氮等进行冷却。

当选择好实验温度后，将被测试样放入设定好温度的保温容器中进行保温处理。要求试样完全浸入装有适宜液体的保温装置内，试样之间的间距以及试样至保温装置边缘或底部的距离应不小于 25mm。液体温度与要求的实验温度的偏差不得大于 ±1℃。试样在液体保温介质中的最短保温时间为 1.5mm/min，但不少于 45min，直至试样与保温装置内的温度完全相同。若使用气体导热介质，则浸泡时间不少于 60min。

锤头预选的高度主要根据冲击能量来确定，锤头的落差不小于 1m。选择的冲击能量应能足够保证落锤冲击试样后，试样的受拉面与所匹配的砧座终止台相接触。冲击能量的选择应根据试样型号及材料的实际屈服强度按照表 4-9 的规定选取。

表 4-9 标准落锤实验条件

试样型号	跨距 S/mm	终止挠度 D/mm	屈服强度/MPa	冲击能量/J
P1	305	7.6	210~340	800
			>340~480	1100
			>480~620	1350
			>620~750	1650
P2	100	1.5	210~410	350
			>410~620	400
			>620~830	450
			>830~1030	550
P3	100	1.9	210~410	350
			>410~620	400
			>620~830	450
			>830~1030	550

（2）放置试样。将达到试验温度的试样从保温设备中拿出并迅速放置在砧座支撑台上，将试样横向中心线、砧座横向中心线和锤头轴线处在同一垂直面内，其偏差应不大于±2.5mm。试样应保持裂纹源焊道缺口向下水平放置在砧座支撑台上，实验过程中，裂纹源焊道任何部分不得接触砧座终止台，试样侧面和端部也都不得接触终止台。

（3）冲击试样。迅速释放锤头冲击试样，冲击后检查试样状态是否符合标准《铁素体钢无塑性转变温度 NDT 落锤试验方法》（GB/T 6803—2008）规定的要求，并记录试样状态。试样自离开保温装置至冲击的时间不得超过 20s。

若试样未冲断，则试样作废，然后增加冲击能量重新进行试验。对 P1 型试样增加 140J 左右，对 P2 和 P3 型试样增加 70J 左右，直到试样受拉面与砧座终止台接触为止。

（4）根据上一次实验结果，重新选择试样保温温度，并按步骤（1）~（3）重复进行试验，直至试样发生脆性断裂，从而获得其 NDT 温度。

五、实验结果整理和分析

（1）断裂——裂纹源焊道形成的裂纹扩展到受拉面一个或是两个棱边，则认为试样断裂，以符号"×"表示。受拉面的裂纹扩展到棱边的所有试样，无论起点是否在裂纹源焊道上，都认为试样断裂。断裂的典型试样如图 4-20 所示，该图跟表 4-8 的内容相对应。根据试样的断裂特征，参考表 4-8 可以确定下一次测试的温度。

（2）未断裂——裂纹源焊道形成的裂纹未扩展到受拉面的棱边，则认为试样未断裂，以符号"○"表示，未断裂的典型试样如图 4-21 所示。

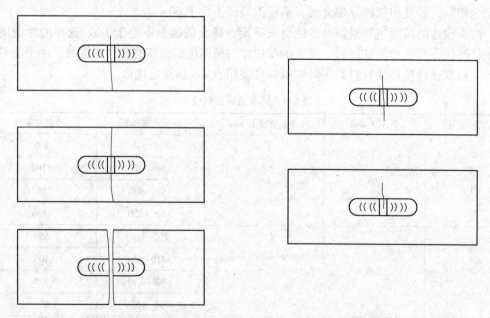

图 4-20　断裂试样外观示意图　　　　图 4-21　未断裂试样外观示意图

（3）无效实验——实验完成后，试样的裂纹源焊道缺口没有可见的裂纹，或根据砧座终止台上的标记证明试样未充分弯曲或未接触到砧座终止台，则认为实验无效，以符号"△"表示。此时使用另一个试样重新进行实验，并应选用更高的冲击能量重新进行实验。

（4）NDT 温度的确定。用一组试样按实验操作步骤进行实验，测出试样断裂的最高温度，在比该温度高 5℃时，最少做两个试样的实验，并且两个试样均为未断裂，则可以认为该温度即为 NDT 温度。

六、思考与讨论

（1）简述落锤冲击试验和摆锤冲击试验各自适用的范围。

（2）分析影响试验结果的主要因素。

（3）材料从塑性断裂到脆性断裂的转变机理是什么？

（4）影响 NDT 值的主要因素有哪些？

七、注意事项

（1）制备试板时应防止产生挠曲和平面错位，试板两面的焊缝余高应通过机加工到与试件表面平齐。缺口应开在接头中焊缝金属或热影响区的上方。

（2）请在试验前检查光电感应器的对射情况，防止其他人员误动。

（3）在锤头落下的过程中实验人员不可近距离面对试样，防止试样断裂后碎片飞出伤人。在试验过程中，任何人员禁止将手及其他物品放入试验区内，防止造成碰伤及其他伤害。

（4）试样一定要放置平稳且不可偏离中心位置，防止被砸歪飞出。

（5）经常保持机器整洁干净，对锤体进行维护，以防碰伤。

5 焊接检验实验

实验 1 焊接缺陷 X 射线探伤实验

一、实验目的

(1) 加深对 X 射线探伤基本原理的理解，了解 X 射线探伤仪和像质计的特点及使用方法。

(2) 熟悉焊缝的 X 射线探伤相关标准的内容及要求。

(3) 掌握焊缝的射线探伤方法。

(4) 掌握冷光源观片灯使用的基本方法和设备参数的选择，了解焊缝中各种缺陷的影像特征，分析缺陷形成原因及缺陷的评定方法。

二、实验原理

X 射线是从 X 射线管中产生的，是一种波长很短（波长约为 10nm 到 10^{-2} nm 之间）的电磁辐射，具有很强的穿透本领，能透过许多对可见光不透明的物质，如金属、纸、木料、人体等。这种肉眼看不见的射线经过物质时会产生许多效应，如能使很多固体材料发生荧光，使照相底片感光以及使空气电离等。利用射线透过物体时，会发生吸收和散射这一特性，通过测量材料中因缺陷存在影响射线的吸收来探测透照物中存在的缺陷，如气孔、裂纹、夹杂和未焊透等。X 射线通过透照物的健全部分和透过有缺陷部分时，其强度减弱程度有所不同。因此落到胶片上的射线强度便不均匀一致，射线透过有缺陷部位后的强度应为：

$$J_e = J_0 e^{-\mu_L (d-d_1)}$$

式中　J_0——射入的 X 射线初始强度，$J/cm^2 \cdot s$；

　　　μ_L——在透照物中射线的吸收系数，cm^{-1}；

　　　d——透照物的厚度，cm；

　　　d_1——沿射线透照方向的缺陷长度，cm；

　　　J_e——射线穿过缺陷处后的强度。

透照时，把试件放在射线源和胶片之间，并使试件与胶片紧贴（见图 5-1）。射线还有个重要性质，就是能使胶片感光，当 X 射线照射胶片时，与普通光线一样，能使胶片乳剂层中的卤化银产生潜象中心。此外，还使用一种能加强感光作用的增感屏，增感屏通常用铅箔做成，把这种曝过光的胶片在暗室中经过显影、定影、水洗和干燥，再将干燥的底片放在观片灯上观察，根据底片上有缺陷部位与无缺陷部位的黑度图像不一样，就可判断出缺陷的种类、数量、大小等，这就是 X 射线照相探伤的原理。经过显影和定影后胶片会黑化，接收射线越多的部位黑化程度越高。将黑化处理的缺陷影像对照标准《钢熔化焊对接接头射线照相和质量分级》（GB 3323—87）就可评定工件内部质量。

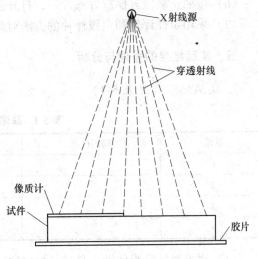

该方法可将检测结果直接记录在底片上，由于底片上记录的信息十分丰富并能长期保存，从而使 X 射线照相法成为各种无损检测方法中记录最真实、最直观、可追踪性最好的检测方法。虽然该方法可准确地对焊接体积型缺陷进行定性及定量评估，但对面积型缺陷的检出率相对较低，而且不适宜较厚的工件的焊接缺陷检测。

图 5-1　X 射线探伤原理图

三、实验装置及材料

（1）实验设备：X 射线探伤仪，标准底片国产射线探伤冷光源看片设备。

（2）实验材料：具有人工缺陷的钢板对接焊接试样（材质可选用 20 号钢或其他低碳钢）。

（3）其他实验用品：像质计、铅箔增感屏、胶片、暗袋、铅字标记、黑度计、显影液、定影液等。

四、实验步骤

（1）了解被检工件的材质、焊接时所采用的坡口形式、焊接方法及过程，熟悉实验过程所使用标准的内容。

（2）根据焊缝试块厚度及形状，制定工艺卡，选择适当的工艺规范。

（3）如图 5-2 所示，将胶片置于试块下面，在试块上放好中心标记、搭接标记、试件编号、检验日期、检验者代号等标记，垂直于焊缝，距焊缝边缘 5mm 以上。在胶片三分之一处外侧放置与工件厚度相应的像质计，像质计的金属丝与焊缝垂直相交跨越放置，细丝朝外。

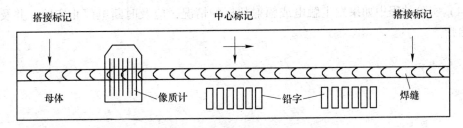

图 5-2　识别标记摆放示意图

（4）接通电源，按照选择的工艺规范进行曝光。

（5）按照标准要求配好显影液和定影液，将曝光后的底片进行显影和定影处理，然后进行水洗和干燥。

（6）按照正确位置摆放好底片后，打开强光灯，观察影像，判断缺陷。

（7）采用定性评片和定级评片的方法对焊缝进行评片。

五、实验结果的整理与分析

1. 缺陷记录（见表5-1）

表 5-1   缺陷记录表示例

缺陷	缺陷种类	缺陷大小	缺陷位置
1			
2			
3			
4			

（1）要求对缺陷影像做出是某种焊接缺陷的正确判断。

（2）对缺陷的形状、位置、大小进行分析。

（3）对缺陷的形成原因进行分析。

（4）与其他缺陷做对比。

2. 对缺陷的处理

将探测到的缺陷对照标准进行评级，并在焊缝上标出缺陷位置。

六、思考题

（1）射线探伤的原理是什么？

（2）说明伪缺陷产生的原因，如何区别真伪缺陷影像？

（3）提高射线探伤的灵敏度的措施有哪些？

七、注意事项

（1）实验过程中应注意屏蔽，防止辐射。

（2）专职实验人员应定期进行体检，确保辐射剂量在标准允许范围内。

（3）每次探伤前应检查控制区，确保在送高压前控制区内无任何人员。

（4）实验过程中如果发生触电或辐射超标的情况，应及时断电停止实验，并及时送医院治疗。

实验 2　超声波探伤实验

一、实验目的

（1）加深对超声波探伤基本原理的理解。

（2）了解超声波探伤仪、探头和试块的性能及使用方法。

（3）熟悉焊缝的超声波探伤相关标准的内容及要求。

（4）掌握焊缝的超声波探伤基本步骤方法及缺陷的评定方法，能够对缺陷进行定性、定量分析。

（5）了解估判缺陷性质的波形分析法。

二、实验原理

超声波是一种频率超过 20kHz 的特殊声波，它不仅具有声波传输的反射、折射和衍射等基本物理特性，还具有方向性集中、穿透力强、振幅小等特点。用于无损检测的超声波频率一般在 0.5~10MHz 之间，如钢的常用检测频率为 1~5MHz，超声波探伤是利用超声波的直线传播和反射的特性，在超声波仪器上能够将缺陷反射回直探头或斜探头，从而出现最大的缺陷波来检测材料的组织和内部缺陷的一种无损检测方法。

1. 超声波探伤原理

声波是由物体的机械振动所发出的波动，它在均匀弹性介质中匀速传播，其传播距离与时间成正比。当声波的频率超过 20000Hz 时，人耳已不能感受，即为超声波。声波的频率、波长和声速间的关系是：

$$\lambda = c/f \tag{1}$$

式中　λ——波长；

　　　c——波速；

　　　f——频率。

由式（1）可见，声波的波长与频率成反比，超声波则具有很短的波长。

超声波探伤技术，就是利用超声波的高频率和短波长所决定的传播特性。即具有束射性（又叫指向性）、穿透性、界面反射性和折射性。因此可以探测很深（尺寸大）的零件，同时也可利用超声波探伤发现工件中的缺陷。图 5-3 为超声波在工件中的传播示意图。

工件内部没有缺陷时，声波直达工件底面，遇界面全反射回来，如图 5-3（a）。当工件中存在垂直于声波传播方向的缺陷时，声波遇到缺陷界面会反射回来，如图

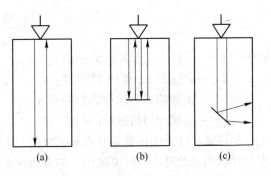

图 5-3　超声波在工件中的传播

（a）无缺陷；（b），（c）有缺陷

5-3（b）。当内部缺陷的界面与声波传播方向有角度时，将按光的反射规律产生声波的反射传播，如图5-3（c）。

2. 超声波探伤仪的工作原理

超声波探伤仪是利用交流电源和振荡电路，产生高频电脉冲，并可根据探伤要求调节脉冲的频率及发射能量。超声波探伤仪还具有将接收到的电脉冲依其能量的大小和时间先后通过荧光屏显示出来的功能，其工作原理如图5-4所示。

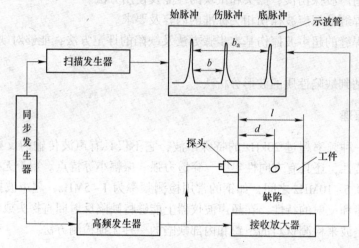

图5-4　超声波探伤仪工作原理

扫描发生器使示波管产生水平扫描线，接收放大器使接收的脉冲信号作用于示波管的垂直偏转板，并按信号接收到的时间先后将水平扫描线的相应部位拉起脉冲值。

始脉冲是仪器发射出去的原始脉冲信号，伤脉冲是超声波自工件内缺陷处返回的脉冲信号，底脉冲则是超声波自工件底部返回来的脉冲信号。由于超声波在工件内是匀速传播的，因此在工件内走过的路程越长，返回的时间越晚，所以底脉冲要比伤脉冲出现得晚，它们在荧光屏上的水平距离反映了超声波在工件内走过的距离。因此有：

$$\frac{d}{I} = \frac{b}{b_a}$$

则

$$d = \frac{b}{b_a} \cdot I$$

式中　d——工件表面至缺陷的距离；

　　　I——沿探测方向的工件厚度；

　　　b——伤脉冲到始脉冲的扫描刻度；

　　　b_a——底脉冲到始脉冲的扫描速度。

超声波在介质中传播是有能量衰减的，走过的距离越长，反射回来的能量也越小，表现在接收回来的脉冲高度要减少。如果伤较小，少量超声波自伤处反射回来，将有一个矮的伤脉冲，此时大部分能量抵达工件底面，底脉冲仍较高。如果伤面积很大，则伤脉冲就会高，相应的底脉冲就会很小。如遇到伤很大，或其界面又不垂直于超声波入射的方向（见图5-3（c）），则伤脉冲没有（反射波收不到），底脉冲也可能没有。

超声波检测虽然能够提供快速、精确、高灵敏的检验结果，但没有永久记录，也很难识别缺陷的种类，主要用于工件内部缺陷的检测。对于焊接接头而言，可能焊接工艺不当会导致焊缝中出现气孔、夹杂、裂纹等焊接缺陷，这些缺陷的性质与其产生的部位、大小和分布情况有关。因此，可根据缺陷波的大小、位置、探头运动时波幅的变化特点（即所谓静态波形特征和动态波形包络线特征），并结合焊接工艺情况对缺陷性质进行综合判断。进行缺陷判断时，可参照标准《钢焊缝手工超声波探伤方法和探伤结果分级》（GB/T 11345—1989），该标准规定了检验焊缝和热影响区缺陷，确定缺陷位置、尺寸和缺陷评定的一般方法及探伤结果的分级方法等。

三、实验装置及材料

（1）CTS-26 或 CTS-22 型探伤仪 1 台。

（2）直探头 1 块，斜探头 45° 和 50° 各 1 块。

（3）CSK-IA 试块（见图 5-5）、焊接试块、耦合剂、甘油等。

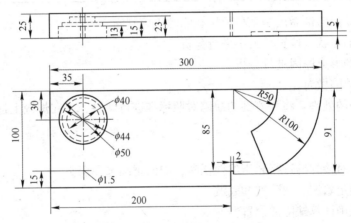

图 5-5 CSK-IA 试块形状及尺寸

四、实验方法及步骤

1. 教师实验指导

指导教师借助实验设备讲解超声检测仪的工作原理、各旋钮的功能以及设备使用时的注意事项。

2. 学生练习

（1）将超声检测仪、探头、电源线等正确连接，组成超声检测系统。

（2）依次开启总电源、超声检测仪电源，观察、记录仪器显示屏上的显示情况。

（3）根据被检工件的厚度和探伤标准的要求选择合适的探头。

（4）将直探头置于涂有耦合剂甘油的 CSK-IA 型试块上，并对准试块下面的中心孔。（斜探头可选用 CSK-IA 试块，对准 R100 的圆弧面。）

（5）调节超声检测仪的衰减器、深度旋钮，观察、记录显示屏上回拨的高度、水平位置的变化，并分析其原因。

（6）在仪器和探头不做调整的情况下，将试块换成同类型不同高度的试块（斜探头可换作探测 CSK-IA 试块上 ϕ50 孔），再次观察、记录显示屏上回波的变化，并分析其原因。

五、实验结果的整理与分析

（1）记录波形图。

（2）记录缺陷（见表 5-2）。

表 5-2　缺陷记录表示例

缺陷	缺陷种类	缺陷长度	缺陷深度	缺陷所在区域
1				
2				
3				
4				

1）要求对缺陷影像做出是某种焊接缺陷的正确判断。

2）对缺陷的形状、位置、大小进行分析。

3）对缺陷的形成原因进行分析。

4）与其他缺陷做对比。

（3）对缺陷的处理：将探测到的缺陷对照标准进行评级，并在焊缝上标出缺陷位置。

六、思考题

（1）试分析对接焊缝进行超声波探伤时，如何正确选择探头？

（2）如何确定始波、缺陷波和底波？

（3）如何正确计算缺陷的位置？

（4）试分析和讨论影响制作距离–波幅曲线的因素有哪些？

（5）如何判断所测得的缺陷是通过一次声程还是二次声程发现的？

七、注意事项

（1）注意搬运设备、试块时防止碰伤、跌落，避免损坏试块和人员受伤。

（2）实验过程中防止触电。

（3）实验过程中要注意探头的保护，在测粗糙表面时，应尽量减少探头在工作表面的划动。

（4）若发生人员受伤事故，应及时送医院救治。

实验 3　磁粉探伤实验

一、实验目的

（1）了解磁粉探伤的基本原理。

（2）了解磁粉探伤仪和试块的 A 型试片及磁场指示器的使用方法。

（3）熟悉焊缝磁粉检测的相关标准。

（4）掌握平板对接焊缝的磁粉探伤方法、程序及缺陷的评定方法。

二、实验原理

当铁磁性物体被磁化时，被磁化物体内部的磁力线在缺陷或磁路截面处发生突变，离开或进入物体表面形成漏磁场。漏磁场的成因在于磁导率的突变。如果被磁化的工件表面或近表面存在气孔、裂纹和夹杂等缺陷，由于缺陷内物质的磁导率一般远低于铁磁性材料的磁导率，因而造成缺陷附近的磁力线弯曲或压缩，即磁力线难以穿过这些缺陷，因此在缺陷处形成局部漏磁场。

在漏磁场力作用下，磁粉向磁力线最密集处移动，最终被吸附在缺陷上，如图 5-6 所示。若被检工件表面存在漏磁场，如果在漏磁场处撒上磁导率很高的微细磁性粉末，磁粉就会磁化而被试件表面的漏磁场所吸附，聚集在缺陷处，从而显示出宏观迹象。通过分析磁痕的形状和大小来判断缺陷的形状和大小，此即磁粉探伤的基本原理。

磁粉探伤对钢铁材料或工件表面裂纹等缺陷的检验非常有效，设备和操作均较简单，检验速度快，便于在现场对大型设备和工件进行探伤；检

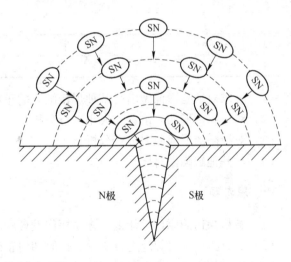

图 5-6　缺陷的漏磁场与磁粉的吸附

验费用也较低。但它仅适用于铁磁性材料，仅能显出缺陷的长度和形状，而难以确定其深度，对剩磁有影响的一些工件，经磁粉探伤后还需要退磁和清洗。而且该方法局限于工件表面与近表面缺陷的检测。

三、实验装置及材料

（1）触头式磁粉探伤仪（CY-2000）和磁场指示器各 1 台。

（2）具有人工缺陷的钢板对接焊缝试样（材质可选用 20 钢或其他低碳钢）1 件。

（3）磁粉（或磁粉膏）、丙酮、脱脂棉、镊子等。

四、实验步骤

（1）工件表面预处理：采用打磨机或砂纸清除掉工件表面的油漆或锈迹（可用丙酮洗）等，使待检工件表面平整光滑，以使探头和工件表面能良好接触。

（2）将电源电缆的插头插入仪器电源插座，并接通电源。

（3）磁粉膏充分溶于适量水，搅拌均匀后形成磁性溶液，装入喷洒壶待用。

（4）为使探头和被检工件表面接触良好，用喷水壶向两磁头间喷洒少许磁性溶液，按下充磁按钮，充磁指示灯亮，表示工件在磁化。

（5）沿工件表面拖动探头，重复上述方法，行进一段距离后，用放大镜在已检工件表面仔细检查，寻找是否有磁痕堆积，进而评判缺陷是否存在。

五、实验结果的整理与分析

缺陷记录见表 5-3。

表 5-3　缺陷记录表示例

缺陷	缺陷种类	缺陷长度	缺陷位置
1			
2			
3			
4			

（1）要求对缺陷影像做出是某种焊接缺陷的正确判断。

（2）对缺陷的形状、位置、大小进行分析。

（3）对缺陷的形成原因进行分析。

（4）与其他缺陷做对比。

六、思考题

（1）磁粉探伤的原理是什么？磁粉探伤发现的缺陷有何特征？

（2）试分析讨论对焊缝进行磁粉探伤时如何正确选择磁化方式和磁化电流的大小？

（3）磁化规范和磁场方向对探伤灵敏度有何影响？

（4）磁粉探伤中如何防止漏检和误判，保证焊接质量？

七、注意事项

（1）工件表面必须清除干净，务必无毛刺、无锈斑，光滑平整，保证工件和探头的良好接触。

（2）磁粉膏要充分溶解。

（3）磁痕检查必须仔细，防止错判、漏判或误判。

（4）注意焊缝或试块的清洗和干燥，注意磁悬液的喷洒和电极的正确操作。

（5）实验过程中要防止触电。

实验 4　着色法渗透探伤实验

一、实验目的

（1）学习着色检验的方法和操作过程。

（2）了解渗透探伤剂和试块的性能及使用方法。

（3）熟悉焊缝渗透探伤相关标准的内容及要求。

（4）掌握焊缝等非孔性材料的着色渗透探伤及缺陷的评定方法。

二、实验原理

在被检工件表面涂覆某些渗透能力较强的渗透液（带有荧光的或红色的染料），在毛细作用下，渗透液被渗入到工件表面开口的缺陷中，然后去除工件表面上多余的渗透液（保留渗透到表面缺陷中的渗透液），再在工件表面涂上一层显像剂，缺陷中的渗透液在毛细作用下重新被吸收到工件表面，从而形成缺陷的痕迹。根据在白光下观察到的缺陷显示痕迹，做出缺陷的评定，用于表面开口缺陷，如图 5-7 所示。

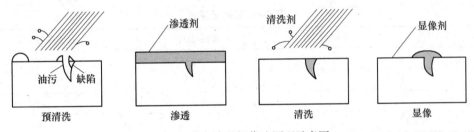

图 5-7　着色渗透探伤法原理示意图

着色渗透是一种表面检测方法，主要用来探测肉眼无法识别的裂纹之类的表面损伤，如检测钢材近表面缺陷（裂纹、气孔、疏松、分层、未焊透及未熔合），也称为 PT 检测。适用于检查致密性金属材料（焊缝）、非金属材料（玻璃、陶瓷、氟塑料）及制品表面开口性的缺陷（裂纹、气孔等）。该方法需在白光下工作，不需要电源，方便快捷，适用于任何材质，成本低。但该方法灵敏度低，只限于表面缺陷，对表面粗糙度有要求，不能探测深度。

三、实验装置及材料

（1）实验设备：溶剂清洗型着色探伤剂 1 套（包括渗透剂 1 瓶、显像剂 2 瓶、清洗剂 3 瓶），对比试块。

（2）实验材料：具有表面开口性缺陷的钢板对接焊接试样（材质可选用 20 号钢或其他低碳钢）一块。

（3）其他：白光灯，放大镜，钢丝绳，砂纸，锉刀，无绒布或纱布等。

四、实验步骤

（1）预处理：先用钢丝刷、砂纸、锉刀等工具清理焊缝检测区及其四周约 25mm 的扩展区域，去除焊板表面的锈迹等污物，再用清洗剂清洗焊板的受检表面，去除油污和污垢。

（2）渗透：将渗透液喷涂于清洗干净的焊板受检面，渗透时间为 10min，环境温度为 15~50℃。渗透期间渗透液须保持受检面润湿为不干状态。

（3）去除：渗透完毕后，先用干布擦去表面多余的渗透液，然后用沾有清洗剂的无绒布擦拭。擦拭时应朝一个方向擦拭，不能往复擦拭。

（4）显像：将显像剂喷涂于焊板的受检表面，喷涂时喷嘴与被检工件表面距离一般以 300~400mm 为宜，喷洒方向与受检表面夹角为 30°~40°，以形成薄而均匀的显像层、显像剂层厚度 0.05~0.07mm 为宜，应覆盖工件底色。

（5）观察检测：显像结束后，应在白光下进行观测，必要时，可用 5~10 倍放大镜观察。如果未发现细微缺陷，可间隔 5min 观察一次，重复观察 2~3 次。

（6）记录实验结果：做好记录并根据有关的标准和规范或技术文件进行质量评定，最后出具报告。

五、实验结果的整理与分析

缺陷记录在表 5-4 中。

表 5-4　缺陷记录表

缺陷	缺陷种类	缺陷长度	缺陷位置
1			
2			
3			
4			

（1）要求对缺陷影像作出是某种焊接缺陷的正确判断。
（2）对缺陷的形状、位置、大小进行分析。
（3）对缺陷的形成原因进行分析。
（4）与其他缺陷做对比。

六、思考题

（1）试分析对接焊缝进行着色渗透探伤时，渗透时间和显像时间的长短对缺陷的检测有何影响？
（2）试分析和讨论如何区分真实缺陷和伪缺陷？
（3）被检材料表面状况对着色探伤效果的影响如何？

七、注意事项

（1）使用前应认真阅读实验指导书，分辨清不同着色剂的功能和使用次序后方可开始实验。
（2）进行本实验应佩戴口罩。
（3）实验完毕后清理打扫干净现场。

6 焊接综合实验

实验 1　软钎料熔炼及熔化特性测试综合实验

一、背景知识

熔化/固化温度是钎焊合金的固相线与液相线之间的温差。钎焊热循环过程中，在加热阶段，固相线是钎料开始熔化的温度，而液相线是熔化终了的温度。在冷却阶段，液相线是钎料凝固开始温度，而固相线是凝固终了的温度。

钎料的熔化温度范围，即固-液相线温度区间，是钎料的重要物理性能指标之一，也是确定钎焊温度的依据。差示扫描量热法（Differential Scanning Calorimetry，DSC）是在程序控制温度下，测量处于同一条件下样品与参比物之间单位时间的能量差（或功率差）随温度变化的一种技术方法。钎料熔化温度的试验过程按照日本工业标准《无铅钎料试验方法——第一部分：熔化温度范围测定方法》（JIS Z 3198—1）的规定进行。将待测钎料试样放入 DSC 差示扫描量热分析系统的样品室中，以 25mL/min 的流量给样品室充入氩气，以 10℃/min 的初始升温速率对试样升温。当温度升至与待测无铅钎料固相线温度相差约 30℃时，将升温速度降至 2℃/min，测定试样的开始熔化温度，即固相线温度 T_s。随后将试样随炉冷却至室温，在冷却的过程中测试钎料的液相线温度 T_l。

在固、液相线之间钎料呈糊状，固、液相线的温差越小，其熔化或凝固速度越快，越有利于钎焊操作。钎料的熔化/固化温度是由合金组分决定的。钎料一般使用锡基合金，除形成低熔共晶的情形以外，当在锡中加入低熔点金属组成时，其熔化温度一般会下降，而加入高熔点金属其熔化温度一般会上升。合金的组成越接近共晶点，其熔化温度越低，同时固、液相线的温差也越小；当钎料组成达到共晶点时，熔化温度最低，固、液相线温差为零。

二、实验目的及任务

(1) 熟悉 HLJ-12G 高温方体双层结构井式炉的使用。

(2) 掌握无铅钎料的熔炼过程。

(3) 熟悉 Q20 差示扫描量热仪（DSC）的原理及操作方法。

(4) 了解差示扫描量热仪（DSC）设备校准的方法。

(5) 掌握熔点测试程序编写技巧及程序调试的方法。

（6）掌握熔点曲线分析软件。

（7）掌握钎料熔点测试的方法。

（8）熔炼 2~3 种成分不同的锡基钎料。

三、实验装置及实验材料

（1）HLJ-12G 高温方体双层结构井式炉 1 台。

（2）精密电子天平 1 台。

（3）试纸若干。

（4）坩埚 2~3 个。

（5）搅拌棒 1~2 个。

（6）纯度为 99.5% 的锡粒、99.95% 银颗粒、99.99% 无氧铜丝、99.9% 锌粒各若干克。

（7）LiCl 和 KCl 若干克。

（8）差示扫描量热仪（DSC）（Q20，TA-Instruments）及夹具 1 套。

（9）试样铝制试样盘若干个。

（10）压平器 1 台。

（11）高纯度铟若干克。

（12）镊子、剪刀、医用棉花、手套等。

（13）其他。

四、实验内容及步骤

1. 钎料熔炼

（1）实验设备的调试：

1）HLJ-12G 高温方体双层结构井式炉如图 6-1 所示，主要用于较低温度下实验用小批量钎料的熔炼。

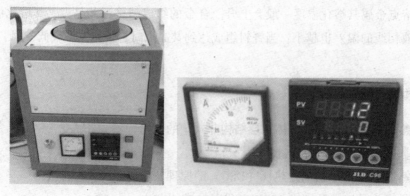

图 6-1   HLJ-12G 高温方体双层结构井式炉

2）设置钎料熔炼时的温度。

（2）操作步骤（以 Sn、Zn 钎料为例）：

1）按质量比 1.3：1 的 KCl 和 LiCl 共晶保护盐，用于防止熔炼过程中的金属氧化，保护盐的质量不低于钎料质量的 30%。

2）将井式电炉的模具清洗干净后，再干燥。

3）按钎料的配方比例配比称量所需的原材料。

4）在熔炼炉中预熔保护盐，熔化温度为 450℃。

5）在熔融的保护盐中预熔 Sn，并在 450℃ 温度下保温 1~2min。

6）待 Sn 完全熔化后，向其中加入 Zn，温度控制在 450~460℃。

7）升高熔炼炉温度至 550℃，保温 2~3h，之后降温至 400℃，保温 1~2min；在熔炼过程中每 5min 搅拌一次。

8）将所制的液态钎料在 400℃ 温度条件下直接进行浇铸，浇铸后去除保护盐残渣，并用超声波清洗器进行清洗后备用。

注：钎料熔炼过程中，其熔化设置温度、保温时间、熔炼温度和浇铸温度根据成分配方不同而发生变化。

2. 钎料熔化特性曲线测定

（1）校正仪器：采用高纯度的金属铟进行仪器的校准，校准后再进行熔点的测试，实验仪器如图 6-2 所示。

图 6-2　差示扫描量热仪

（2）放置待测试样：取出校准盘，另一个空盘不动；将约 10mg 待测钎料试样样品盘放入差热分析仪的样品室中，以约 25mL/min 的流量给样品充入氮气，并盖上炉盖；

（3）编程序：初始温度设定在 20℃ 左右；升温速度设定为 10℃/min；保温温度设定在待测钎料熔点之上约 30~50℃，保温 3~5min；降温温度设定为 10℃/min。

（4）取出试样。

五、实验结果及分析

（1）通过熔化曲线找出每种钎料的熔化温度区间，分析不同钎料熔点的差异。

（2）分析影响熔化特性的因素有哪些？

六、注意事项

（1）在电子天平上称量原材料时，要在天平称量盘上放一试纸，不能将药品直接接触称量盘。

（2）使用高温熔炉放置或取出试样时，要佩戴手套用夹钳夹取，切勿裸手接触，以免烫伤。

（3）在使用 DSC 设备时，要正确操作，以免损坏设备。

七、报告撰写要求

（1）实验前应提前预习实验指导书，熟悉本实验的目的和具体内容。

（2）综合实验的内容要完整，主要包括以下几个方面：实验背景、名称、实验仪器及设备、实验方法及步骤、实验结果及分析、心得体会。

实验 2 微焊点制备及力学性能测试综合实验

一、背景知识简介

微焊点在电子产品中主要起到机械连接和导电的作用，它在航空航天以及通信行业都起着非常关键的作用，焊点的质量直接影响电子产品的服役可靠性。因此加强微电子封装的可靠性是发展科技和机械工业的重要前提。

连接基板和芯片的微焊点是电子产品失效的关键部位，微焊点在服役过程中可能会受到开关机过程中电子元器件不断经历经常性、周期性的冷热循环变化而引发热疲劳失效，以及在跌落、冲击和振动过程中易引起断裂破坏，因此就要求焊点需具有良好的力学性能。

图 6-3 为某单位生产的电子线路板现场及产品，引脚主要是采用钎焊的方法实现连接。

图 6-3 线路板钎焊现场及产品

微焊点具有优良的力学性能是保证线路板安全运行和服役的基本前提。

1. 微焊点的制备

实验可采用"铜—钎料—铜"三明治结构微尺度焊点试样，其几何结构与目前常用的焊点结构相似。微尺度焊点的制备程序如下：钎焊前用细砂纸将待焊两根铜引线的端面磨平并且精细抛光，用无水乙醇及丙酮溶液将铜引线端面和待焊钎料（粒状）清洗干净，采用功率为 1.5kW 的加热板和特定设计的带微尺度"V"型沟槽的铝板夹具在模拟真实再流焊条件下制备微尺度焊点，如图 6-4 所示。

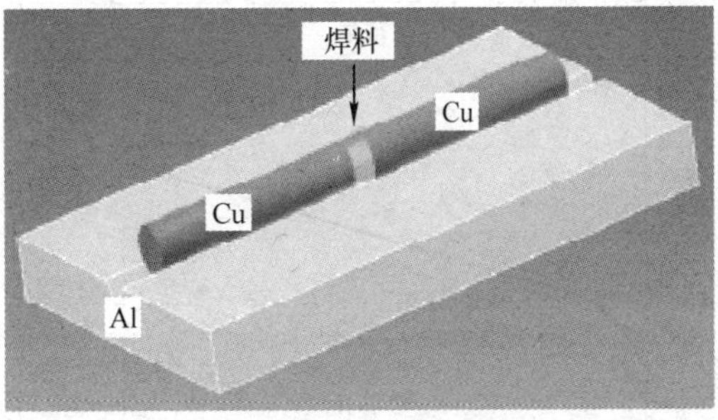

图 6-4 制备试样用装置示意图

2. 微焊点的热时效实验

目前电子产品的报废很多都是由于钎焊接头的失效造成的。钎焊接头界面层的形态和厚度都会对连接的可靠性产生较大的影响，因此掌握界面反应层的形成和生长机理，对确保可靠性具有重要的意义。

如果使焊点在正常使用条件下失效，则需要很长的时间，为了缩短试验时间，通常采用加速试验，即模拟服役条件下进行热时效试验，促进界面化合物的生长。

3. 微焊点拉伸试验

拉伸性能是评定材料拉伸载荷作用下弹性变形、塑性变形和断裂抗力的定量指标，是最基本的力学性能。通常可测定屈服强度、抗拉强度、伸长率、断面收缩率等性能指标，对于焊接接头试样，还需记录试样的断裂位置，以判断焊接接头各个区域中最薄弱的部位。

温度、介质和加载速率对于接头的力学行为有很大的影响。因此接头的力学行为是外加载荷与环境因素共同作用的结果。力学性能是衡量微焊点可靠性的标准之一。

拉伸试验的条件是常温、静荷、轴向加载，即拉伸实验是在室温下以均匀缓慢的速度对被测试样施加轴向载荷的试验。进行轴向拉伸试验时，外力必须通过试样轴线以确保材料处于单向拉应力状态。试验机的夹具、万向联轴节和按标准加工的试样以及准确地对试样的夹持保证了试样测量部分各点受力相等且为单向受拉状态。试样所受到的载荷通过载荷传感器检测出来，试样由于受外力作用产生的变形可以借助横梁位移反映出来。应力-应变曲线即 σ-ε 曲线，用于衡量钎料的拉伸性能，在工程实际中应用极为广泛，其形状大致如图 6-5 所示。

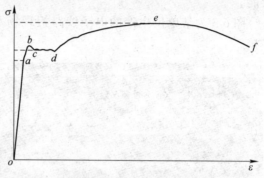

图 6-5   应力-应变曲线

与常规的拉伸试样相比，微焊点的拉伸试样尺寸较小，在试样制备和夹持时要非常小心，以免折断。因此微焊点的拉伸试验需要在精密的仪器上进行。

4. 微焊点蠕变试验

蠕变是指材料在高温和低于材料宏观屈服极限的应力下发生的缓慢的塑性变形。这种现象的特征是：变形、应力与外力不再保持一一对应关系，而且这种变形即使在应力小于屈服极限时仍具有不可逆的变形性质。温度越高或应力越大，蠕变现象越显著。在应力恒定作用下，随着温度的升高，可将蠕变分为以下几类：低温蠕变、中温蠕变、高温蠕变，不同温度下蠕变机制不同。金属的蠕变过程可用蠕变曲线来描述，典型的蠕变曲线如图 6-6 所示。蠕变曲线主要分为以下三个阶段。

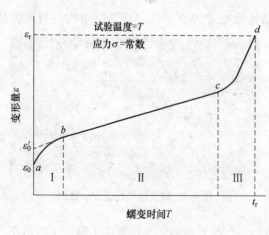

图 6-6   典型蠕变曲线

第 I 阶段 ab 是减速蠕变阶段，又称过渡蠕变阶段。这一阶段开始蠕变速率很大，随后逐渐减小，到 b 点蠕变速率达到最小值。

第 Ⅱ 阶段 bc 是稳态蠕变阶段。这一阶段的特点是蠕变速率几乎保持不变。

第 Ⅲ 阶段 cd 是加速蠕变阶段。随着时间的延长，蠕变速率逐渐增大，到 d 点产生蠕变断裂。

微焊点的拉伸和蠕变试验均是采用美国 TA-Instruments 公司生产的 Q800 进行的。该设备精度高，最小力为 0.0001N，力的精度可达 0.00001N，温度范围为 -150~600℃。本试验所有力学性能实验均采用的是控制力模式（DMA Controlled Force），该模式测试程序中需要设置的步骤主要包括：测量样品长度（Measure）、保持到某一设定温度（Equilibrate）、恒温（Isothermal）、施加力（Force）或应力（Stress）和是否需要重复上述步骤（Repeat）等。

将热时效后的试样与焊后直接进行拉伸和蠕变试验的试样分别在 DMA 设备上进行实验，比较其力学性能的差异。

二、实验目的及任务

1. 实验的目的

（1）掌握微焊点制备方法。

（2）了解 DMA 设备的工作原理、夹具的校准、程序语言的编写，并掌握基本操作方法。

（3）掌握分析应力-应变曲线及时间-应变曲线的方法。

（4）了解热时效对钎焊接头性能的影响规律。

（5）熟悉焊点高度、钎焊工艺等对接头性能的影响。

（6）掌握使用数据处理软件绘制曲线的方法。

2. 实验的任务

（1）制备直径为 0.4mm 的钎焊对接接头若干。

（2）制订热时效工艺对微焊点进行热时效试验，并比较热时效前后接头拉伸性能的变化。

（3）比较不同焊接高度对接头拉伸性能的影响。

（4）比较不同温度下钎焊接头的蠕变寿命及蠕变速率。

三、实验装置及实验材料

（1）动态力学分析系统（DMAQ800）1 套。

（2）1.5 kW 的加热板 1 台。

（3）热电偶 1 个。

（4）体式显微镜 1 台。

（5）抛光机 1 台。

（6）铜丝（ϕ0.4mm）若干。

（7）自制带微尺度"V"型沟槽的铝板夹具 1 块。

（8）钎料（Sn-3.0Ag-0.5Cu 或其他钎料）若干。

（9）钎剂（5%$ZnCl_2$ 松香酒精钎剂或其他对应的钎剂）若干。

（10）恒温箱 1 台。

（11）其他：如镊子、剪刀、砂纸、医用棉花、电吹风、手套、玻璃板、酒精、硫酸、蒸馏水、丙酮、固化剂（可用 AB 胶代替）等若干。

四、实验内容及步骤

（1）首先确定影响钎焊接头质量和缺陷的因素，然后分析钎焊接头所处的服役条件，确定其工作温度、可能承受的载荷种类、大小等；最后，在上述分析的基础上，预测接头可能发生的失效形式和破坏方式等。据此，选择应做的实验项目。

（2）微焊点的制备。研究实验项目后，参考相关标准，设计相关的试样尺寸并进行试验。

（3）热时效处理。根据电子产品实际工作，拟定微焊点热时效的温度和时间等工艺参数。

将（2）制备的焊点在恒温试验箱进行热时效实验。根据实验目的设计好热时效温度和时间。

（4）微焊点的拉伸和蠕变性能。将热时效后的试样与直接焊后的试样分别在 DMA 设备上进行拉伸和蠕变试验。

五、实验结果及分析

（1）通过资料查阅，制订合理的试验方案。

（2）记录实验数据并进行分析。

（3）分析焊点高度、热时效对接头常温拉伸性能的影响规律。

（4）根据实验结果分析实验温度、拉力对接头蠕变寿命的影响规律。

六、思考题

（1）影响微焊点对接接头质量的因素有哪些？

（2）微焊点在常温下会发生蠕变吗？

七、注意事项

（1）在使用 DMA 设备时，要正确操作，以免损坏设备。

（2）在焊点制备时要保持操作台的干净，配制化学药品要戴手套，制备焊点时要佩带口罩。

八、报告撰写要求

（1）实验前应提前预习实验指导书，熟悉本实验的目的和具体内容。

（2）综合实验的内容要完整，主要包括以下几个方面：实验背景、名称、实验仪器及设备、实验方法及步骤、实验结果及分析、心得体会。

实验 3　焊接工艺评定综合实验

一、背景知识简介

焊接工艺评定（简称 WPQ）是为验证所拟定的焊件焊接工艺的正确性或进行焊工能力考核而进行的试验过程及结果评价。在焊接施工前，为确认所拟焊接工艺的正确性，按照国家相关标准，通过考核按照所拟定的焊接接头质量是否符合标准要求，来评定焊接工艺是否正确的技术工作。焊接接头的力学性能是否符合国家有关法规、标准和技术条件等要求的规定是判断焊接工艺正确与否的重要标志。

1. 焊接工艺评定目的

焊接工艺评定的目的主要体现在以下几个方面：

（1）评定施焊单位是否有能力焊出符合相关国家或行业标准、技术规范所要求的焊接接头。焊接工艺评定标准中明确规定：对于焊接工艺评定的试件必须要由本单位操作技能熟练的焊接人员施焊，且焊接工艺评定要在本单位进行。因此焊接工艺评定在很大程度上能反映出施工单位具有的施工条件和施工能力。

（2）验证施焊单位所拟订的焊接工艺指导书是否正确。焊接工艺是制造焊件有关的加工方法和实施要求，主要包括焊接准备、材料选用、焊接方法、焊接参数、操作要求等，它既包括通过金属材料焊接性综合试验拟定的焊接工艺，还包括根据生产经验或有关焊接性能的技术资料所拟定的焊接工艺，同时也包括虽然已经评定合格，并在生产中长期应用，但由于某种原因需要改变焊接条件中的一个或几个变量的焊接工艺。焊接工艺评定工作是焊接生产中不可缺少的一个重要环节，对于任何结构和产品的制造和安装，在正式焊接之前都应该进行焊接工艺评定。

（3）为制定正式的焊接工艺规程或焊接工艺卡提供可靠的技术依据。焊接工艺规程（WPS）是与制造有关的加工和实践要求的细则文件，可保证由熟练的焊工或操作工操作时质量的再现性，其制订的依据就是评定合格的焊接工艺。

（4）考核焊工能力。

2. 焊接工艺评定的一般程序

焊接工艺评定一般是按照图 6-7 程序进行。具体来说分为以下几个部分：

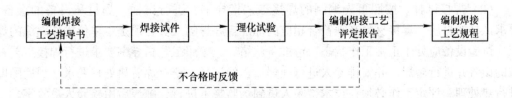

图 6-7　焊接工艺评定程序图

（1）编制焊接工艺指导书。

它是实施焊接工艺评定的技术依据。工艺评定任务书的内容包括：被评定接头形式、母材牌号、产品技术要求，焊接方法、检验项目和合格标准等，还包括实施评定试验所需的全部重要参数、附加参数和有关非重要参数。

为了避免重评或者漏评，应首先在产品图样上统计出所有须评焊接接头及其有关的特征，包括焊接接头的类型、焊缝形式，以及焊缝是否全焊透等，还有母材的种类、母材厚度、管直径等及各项有关数据。同时，列出每个焊接接头拟采用的焊接工艺，包括材质、板厚、焊接位置、焊接方法、坡口形式及尺寸、焊材型号和牌号、焊接电流、电弧电压、焊接速度、预热温度、道间温度、焊后热处理规范等焊接参数。然后按照焊接工艺评定规则进行分类、合并和替代。

经过分类、合并或替代后，就可确定需要进行焊接工艺评定的焊接接头类型，进而分别编制焊接工艺指导书，作为焊接工艺评定的原始依据和评定对象。

编制焊接工艺指导书是一项技术性较强的工作，应由施工单位具有一定专业知识和较多生产经验的焊接工艺人员进行。焊接工艺指导书应包括以下内容：

1）焊接工艺指导书的编号和日期。

2）相应的焊接工艺评定报告的编号和名称。

3）母材的钢号、分类号。

4）接头的厚度范围及管子的外径范围等。

5）焊接方法及自动化程度，包括焊接速度范围、送丝速度等。

6）焊接接头设计，有无焊接衬垫及材料牌号。

7）被焊工件坡口、间隙、焊道分布和顺序。包括接头设计图（形状和尺寸）、焊接次序、焊道分布等。

8）焊接位置。

9）焊接材料，包括类型、规格和熔敷金属的化学成分。

10）保护气体，包括气体的名称、型号、成分等。

11）焊接规范参数，包括电流种类及极性、焊接电流、电弧电压、焊接速度、保护气体（包含种类、成分和流量）、导电嘴至工件的距离、喷嘴尺寸及喷嘴与工件的角度、施焊技术等。

12）焊接预热温度、最高层间温度和焊后热处理规范等。

13）焊接设备及所用仪表。

14）编制和审批人的签名、日期等。

为方便起见，焊接工艺评定报告一般设计成表格形式。企业可自主设计该表格。

（2）焊接试件。按照事先编制的焊接工艺指导书，进行试样、焊材和设备的准备，要求试样的材质、焊接材料必须符合相应的标准；施焊的人员必须是本单位操作熟练的焊工；试验设备应处于正常工作状态。待准备就绪后，按照工艺指导书要求进行焊接工艺参数的设置并进行施焊，并安排专人进行施焊过程的记录。若有焊后热处理要求，焊后随即进行热处理。评定工作必须在技术检验人员到场监督下进行，施焊后由检验人员签字。

（3）理化试验。焊接完毕后，到理化试验室进行有关项目的检测试验。主要进行以下几个方面的检测：一是外观检测和无损检测；二是按照工艺评定标准制备力学性能试样并进行力学性能（主要是拉伸、弯曲、冲击）试验；三是金相试样制备及微观组织观察。根据试验结果填写相应的试验报告。

对于耐腐蚀层堆焊试件，还要进行渗透检测和化学分析等试验。

（4）编制焊接工艺评定报告。

进行完所有的试验项目并完成工艺评定后，就可以着手编制焊接工艺评定报告。焊接工艺评定报告是记录有关试验数据及评定结果的综合性报告，是制订焊接工艺规程的依据。它主要包括以下主要内容：

1）焊接工艺指导书的编号和日期。

2）相应的焊接工艺评定报告的编号和名称。

3）母材的钢号、分类号及标准编号。

4）接头的厚度范围及管子的外径范围等。

5）焊接方法及自动化程度，包括焊接速度范围、送丝速度等。

6）焊接接头设计，包括接头设计图（形状和尺寸）、焊接次序、焊道分布等。

7）焊接位置。

8）接头制备，包括制备方法、去污方法、装夹及定位焊接情况等。

9）焊接材料，包括类型、规格和熔敷金属的化学成分。

10）保护气体，包括气体的名称、型号、成分等。

11）焊接电参数，包括电流种类及极性、焊接电流、电弧电压等。

12）焊接预热温度、最高层间温度和焊后热处理规范等。

13）每条焊道实际的焊接工艺参数和施焊技术。

14）焊接接头外观和无损检测的结果。

15）焊接接头的拉伸、弯曲、冲击韧度的试验报告编号，金相试验报告编号，试验方法的标准和试验结果，角焊缝断面宏观检验结果。

16）焊接工艺评定的结论。

17）焊工姓名和钢印号。

18）试验人员和报告审批人的签字和日期。

（5）编制焊接工艺规程

焊接工艺评定合格后，焊接工艺评定报告经施焊单位负责人审批后，即可作为制定焊接工艺规程的依据和证明材料，由焊接工艺人员根据焊接工艺评定报告，并结合实际的生产条件编制出焊接工艺规程，经审批后，焊接工艺规程以焊接工艺卡的形式下达到焊接车间用以指导产品焊接。

对于评定不合格的项目，应分析原因，找出改进措施，修改焊接工艺指导书，重新进行评定，直到评定合格为止。

最后，应将评定合格的焊接工艺指导书、焊接工艺评定报告、施焊记录、各项检测试验报告和母材、焊接材料的质量证明书等资料，装订成册、存档保存、以备使用。

二、实验目的及任务

1. 实验目的

（1）了解焊接工艺评定的目的和内容。

（2）熟悉焊接工艺评定的流程。

（3）了解焊接工艺评定与焊接操作规程的关系。

（4）了解常用的焊接工艺评定的国家标准和法规。

2. 实验任务

（1）低碳钢焊条电弧焊焊接工艺评定。

（2）低合金结构钢焊条电弧焊焊接工艺评定。

三、实验设备及材料

（1）交直流焊条电弧焊机各 1 台。

（2）低碳钢和低合金钢板若干块。

（3）直径 ϕ 为 3.2mm 的 J422 和 J507 焊条（也可是其他牌号的）各若干。

（4）线切割 1 台。

（5）万能力学试验机 1 台。

（6）HV 硬度计 1 台。

（7）摆锤式冲击试验机 1 台。

（8）抛光机 1 台。

（9）各种型号的砂纸若干。

四、实验方法及步骤

（1）焊接工艺设计：根据所选母材的型号和厚度进行接头形式设计、坡口设计、焊接工艺参数设计以及焊接热参数的设计等。

（2）焊接试板：根据设计的焊接工艺进行试板的焊接。

（3）力学性能和微观组织检测。

（4）填写焊接工艺评定报告。

五、实验结果及分析

（1）根据任务编制焊接工艺指导书。

（2）宏观形貌观察：焊缝根部是否焊透，焊缝及热影响区是否有裂纹和未熔合。

（3）力学性能试验：根据试验结果分析试焊缝的抗拉强度、硬度、弯曲和冲击韧性等性能指标是否满足要求。

（4）微观组织观察：观察焊缝各区域的微观组织，并拍摄下来以备用。

（5）根据实验结果编制焊接工艺评定报告。

六、思考题

（1）平板对接焊缝和管对接焊缝的焊接工艺进行评定时，有哪些试验内容，如何进行试验？

（2）利用焊接工艺评定试验进行焊接工艺评定时，当同一焊缝使用两种或两种以上焊接方法时，可以采用哪两种焊接工艺评定方法，如何评定？

七、注意事项

（1）施焊时，操作者及观察人员均需佩带焊接面罩。

（2）使用实验设备时，严格按照设备操作规程进行操作。

（3）使用冲击实验设备时，摆锤活动范围内不得站人，以免发生危险。

（4）实验过程中，一旦设备出现故障应立即停止使用、关闭电源，并及时报告实验指导教师。

（5）实验结束后，应关闭所有设备电源并保持实验场所清洁。

八、报告撰写要求

（1）实验前应提前预习实验指导书，熟悉本实验的目的和具体内容。

（2）熟悉实验中所涉及的焊接工艺评定国家标准。

（3）综合实验的内容要完整，主要包括以下几个方面：实验背景、名称、实验仪器及设备、实验方法及步骤、实验结果及分析、心得体会。

（4）焊接工艺评定报告的格式不限，但内容必须齐全。

实验 4　点焊规范参数对接头质量影响综合实验

一、背景知识简介

1. 电阻焊及点焊原理

电阻焊是工件组合后通过电极施加压力,利用电流通过接头的接触面及邻近区域产生的电阻热效应将其加热到熔化或塑性状态,使之形成金属结合的一种方法。焊接所需热量 $Q = I^2 Rt$(其中 I 为焊接电流,R 为电极间电阻,t 为焊接时间),I、R、t 被称为电阻焊的三要素。电阻焊方法主要有四种,即点焊、缝焊、凸焊、对焊。

点焊是将焊件装配成搭接接头,并压紧在两柱状电极之间,利用电阻热熔化母材金属,形成焊点的电阻焊方法(见图 6-8)。点焊主要用于薄板焊接。点焊时,先加压使两个工件紧密接触,然后接通电流。由于两工件接触处电阻较大,电流流过所产生的电阻热使该处温度快速升高,局部金属可达熔点温度,被熔化形成液态熔核。断电后,继续连结压力或加大压力,使熔核在压力下凝固结晶,形成组织致密的焊点,而电极与工件的接触处所产

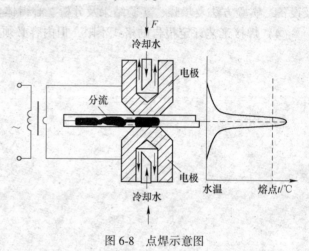

图 6-8　点焊示意图

生的热量因被传热性好的铜(或铜合金)电极及冷却水传走,因此温升有限,不会出现焊合现象。

焊完一个点后,电极(或工件)将移至另一点进行焊接。当焊接下一个点时,有一部分电流会流经已焊好的焊点,称为分流现象。分流将使焊点处电流减小,影响焊点质量。因此两个相邻焊点之间应有距离要求,工件厚度越大,焊件导电性越好,则分流现象越严重,故点距应加大。不同材料及不同厚度工件上焊点最小距离见表 6-1。

表 6-1　点焊相邻焊点最小值间距

工件厚度/mm	点距/mm		
	钢结构	耐热钢	铝合金
0.5	10	8	15
1	12	10	18
2	16	14	25
3	20	18	30

2. 影响点焊质量的因素

影响点焊质量的主要因素有焊接电流、通电时间、电极压力及工件表面清理情况等。其中前三个参数是形成点焊接头的三大要素。点焊时合理地选择这些参数，并使这些参数保持稳定，是获得优质接头的重要条件。

按照焊接时间的长短和焊接电流的大小，通常把点焊规范分为硬规范和软规范。硬规范是指较短时间内通以大电流的规范，它生产率高、焊接变形小、电流磨损慢，但要求设备功率大，规范控制精确，主要适合焊接导热性能较好的金属。软规范是指较长时间内通以较小电流的规范，它生产率低，可选用功率小的设备焊接较厚的工件，主要适合焊接有淬硬倾向的金属。

（1）焊接电流。焊接电流是最重要的点焊参数。当其他参数不变时，点焊时产生的热量 Q 与 I 的平方成正比。当焊接电流较小时，加热量不足，不能形成熔核或熔核尺寸很小。随着焊接电流的增加，熔核尺寸迅速扩大。但焊接电流过大，加热过于强烈，熔核扩展速度大于塑性环扩展速度时，将会产生严重飞溅，使焊接质量下降。因此焊接电流的选择应以不产生飞溅为前提。

（2）焊接时间。焊接时间的影响与焊接电流相类似。由于温度场的建立要有一个过程。当焊接时间过短时，不能形成熔核。增加焊接时间，焊接区中心部位首先出现熔核。随着焊接时间的增加，熔核尺寸不断扩大。当熔核尺寸扩大到一定值以后，由于接触面积的增加，工件内部电阻及电流密度降低，散热加强，熔核扩展速率减缓，最终达到熔核尺寸的饱和值。如果在熔核尺寸饱和后继续加热，一般不会产生飞溅。这时由于塑性环还有一定扩大，拉剪强度略有增加，但强度分散性增大，故使拉剪强度有所下降。

（3）电极压力。电极压力主要影响焊接区金属的塑性变形及接触面积，从而影响焊接区的电阻、电流密度及散热。当焊接压力过小时，由于焊接区金属的塑性变形范围及变形程度不足，造成电流密度过大，加热速度大于塑性环扩展速度，从而产生飞溅。随着焊接压力的增加，焊接区接触面积增大，工件的总电阻及电流密度减小，特别是焊透率下降更快。

如果在增大焊接压力的同时，相应增大焊接电流，则可保证焊点核心尺寸及接头强度基本不变。此外，电极压力的大小，对焊接区的塑性变形有重大影响。提高电极压力，将能有效地防止飞溅、裂纹、缩孔等缺陷的产生。工件厚度越大，材料高温强度越大（如耐热钢），电极压力也应越大。但压力过大时，将使烧焊电阻减小，从电极散失的热量将增加，也使电极在工件表面的压坑加深，因此焊接时应选择合适的电极压力。

（4）焊件的表面状况。焊件的表面状况对点焊质量影响也很大。如焊件表面存在氧化膜、泥垢等，将使焊件间电阻显著增大，甚至存在局部不导电而影响电流通过。因此焊前必须对工件进行酸洗、喷砂或打磨处理。

3. 点焊接头形式及应用

点焊接头通常采用搭接接头。图 6-9 是常用的几种点焊接头形式。

点焊主要适用于厚度小于 4mm 以下的薄板、冲压结构和线材的混拼，每次焊一个点或一次焊多个点。目前点焊广泛用于制造汽车、车厢、飞机等薄壁结构以及罩壳和轻工、生活用品等。

二、实验目的及任务

（1）掌握选择点焊规范参数的一般原则和方法。

（2）点焊规范参数对接头拉剪强度的影响。

（3）点焊规范对熔核直径、压痕深度和飞溅大小的影响曲线测定。

三、实验设备及材料

（1）交流点焊机（DN-63 型）1 台。

（2）手动砂轮 1 台。

（3）冷轧低碳钢 100mm×20mm×1mm 试板若干块。

（4）游标卡尺、钢板尺、砂纸等。

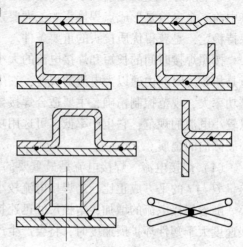

图 6-9　点焊接头形式

四、实验方法及步骤

1. 了解点焊机的结构和工作原理

点焊机的总体结构如图 6-10 所示。

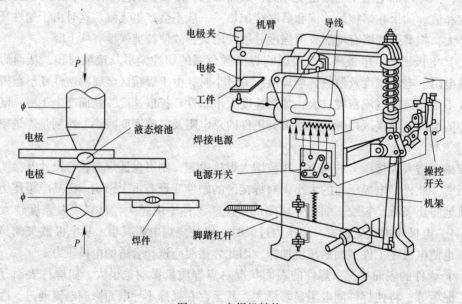

图 6-10　点焊机结构

2. 焊接电流对焊点质量的影响

（1）根据板厚，确定电极端面尺寸。

（2）根据生产效率和设备情况，确定焊接时间。

（3）根据材质和设备情况，确定电极压力。

（4）取两板搭接量为 20mm 左右，在 4~12kA 电流之间，选择 3~5 个不同的值。所选的最小电流值进行焊接应出现未焊透，最好此时仅有很小的核心，但又不产生脱焊。最大电流值焊成的焊点，应产生较严重飞溅。每改变一次焊接电流值，焊 3 对试片，对拉剪力、熔核尺寸和压痕深度求三次平均值。只改变焊接电流时的焊接工艺参数见表 6-2。

表 6-2　点焊电流变化及实验结果

材料：	δ/mm：	电极压力 F_w/kN：		焊接时间 t/cyc：	
电流/kA	$I_1 =$	$I_2 =$	$I_3 =$	$I_4 =$	$I_5 =$
拉剪力/N					
熔核尺寸/mm					
飞溅情况					
压痕深度/mm					

　3. 焊接时间

（1）根据板厚，确定电极端面尺寸。

（2）根据生产效率和设备情况，确定焊接电流。

（3）根据材质和设备情况，确定电极压力。

（4）取两板搭接量为 20mm 左右。选择 3~5 个不同的焊接时间值，最短焊接时间可选 3~4 周波，最长焊接时间应选 26 周波以上。每改变一次焊接时间值，焊 3 对试片，对拉剪力、熔核尺寸和压痕深度求三次平均值。只改变焊接时间的焊接工艺参数见表 6-3。

表 6-3　点焊时间变化及实验结果

材料：	δ/mm：	电极压力 F_w/kN：		焊接电流 I/kA：	
焊接时间/cyc	$t_1 =$	$t_2 =$	$t_3 =$	$t_4 =$	$t_5 =$
拉剪力/N					
熔核尺寸/mm					
飞溅情况					
压痕深度/mm					

　4. 电极压力

（1）根据板厚，确定电极端面尺寸。

（2）固定焊接电流。

（3）固定焊接时间。

（4）取两板搭接量为 20mm 左右，采用不同电极压力（3~5 个）进行施焊，最小电极压力值可选 780N 左右。最大电极压力应选 9800N 以上。采用最小电极压力应能产生较大的飞溅，而最大电极压力的实验焊点，应产生未焊透，最好只有很小的核心。每改变一次电极压力值，焊 3 对试片，对拉剪力、熔核尺寸和压痕深度求三次平均值。只改变点焊压力时的焊接工艺参数见表 6-4。

表 6-4　点焊电极压力变化及实验结果

材料：	δ/mm：		焊接电流 I/kA：		焊接时间 t/cyc：	
电极压力/kN	$F_{w1}=$	$F_{w2}=$	$F_{w3}=$	$F_{w4}=$	$F_{w5}=$	
拉剪力/N						
熔核尺寸/mm						
飞溅情况						
压痕深度/mm						

五、实验数据记录及处理

（1）将实验结果分别填入表 6-2、表 6-3、表 6-4 中。

（2）画出焊接电流、电极压力、焊接时间对熔核尺寸的影响关系曲线。

（3）画出焊接电流、电极压力、焊接时间对焊点拉剪力的影响关系曲线。

（4）根据实验结果，分析焊接电流、电极压力、焊接时间对熔核压痕深度和飞溅大小的影响。

六、思考题

（1）如何根据实验结果来判断最佳工艺规范？

（2）根据焦耳定律，产生的焦耳热与电流的平方成正比。但实验结果表明，当焊接电流较小时随着焊接电流的增加，熔核尺寸增加比较快，但进一步增大焊接电流，熔核的扩展速率又逐步减缓，这是否与焦耳定律有矛盾，为什么？

（3）为什么熔核直径饱和后继续延长焊接时间，拉剪强度还有一定提高，能否用这种办法来提高焊接接头的机械强度？

（4）在实验过程中，所观察工件表面的过热情况有何规律？在保证熔核直径足够大的前提下，电极压力是否越大越好？试结合实验结果进行分析。

（5）比较软规范与硬规范的特点。

七、注意事项

（1）操作者要穿厚的棉质工作服，佩戴防热手套和护目眼镜进行焊接操作。

（2）脚踩下踏板时，操作者脸要偏向一侧，其他人不要正视焊接区域，以免飞溅伤脸。

（3）焊接时，身体任何部位不要在电极的下方区域。

（4）实验过程中一旦出现压伤手指或飞溅烫伤等危险事故，要立即就医。

（5）实验完毕后，要将设备电源断开。

八、报告撰写要求

（1）实验前应提前预习实验指导书，熟悉本实验的目的和具体内容。

（2）综合实验的内容要完整，主要包括以下几个方面：实验背景、名称、实验仪器及设备、实验方法及步骤、实验结果及分析、心得体会。

实验 5　热处理规范对不锈钢接头腐蚀性影响综合实验

一、背景知识简介

1. 奥氏体不锈钢简介

通俗地说，不锈钢就是不容易生锈的钢，实际上一部分不锈钢，既有不锈性，又有耐酸性（耐蚀性）。不锈钢的不锈性和耐蚀性是由于其表面上富铬氧化膜（钝化膜）的形成。这种不锈性和耐蚀性是相对的。试验表明，钢在大气、水等弱介质中和硝酸等氧化性介质中，其耐蚀性随钢中铬含量的增加而提高，当铬含量达到一定的百分比时，钢的耐蚀性发生突变，即从易生锈到不易生锈，从不耐蚀到耐腐蚀。不锈钢的分类方法很多，通常按室温下的组织结构可将不锈钢分为马氏体型、奥氏体型、铁素体和双相不锈钢等。

奥氏体不锈钢，是指在常温下具有奥氏体组织的不锈钢。钢中含 Cr 约 18%、Ni 8%~25%、C 约 0.1%时，具有稳定的奥氏体组织。奥氏体铬镍不锈钢包括著名的 18Cr-8Ni 钢和在此基础上增加 Cr、Ni 含量并加入 Mo、Cu、Si、Nb、Ti 等元素发展起来的高 Cr-Ni 系列钢。奥氏体不锈钢无磁性而且具有高韧性和塑性，但强度较低，不可能通过相变使之强化，仅能通过冷加工进行强化，如加入 S、Ca、Se、Te 等元素，则具有良好的易切削性。因该钢含有高的镍含量及其他奥氏体形成元素，这些元素促使奥氏体相的形成，使其在室温甚至更低温度下仍然为稳定奥氏体组织，也有一些为奥氏体加少量铁素体，这种少量铁素体有助于防止热裂纹。该钢具有优良的热塑性，使其易于锻造、轧制、热穿孔和挤压等热加工，同时该钢的焊接性能也比较好。它的生产量和使用量约占不锈钢总产量及用量的70%，而且是一种十分优良的材料，具有极好的抗腐蚀和生物相容性，因此在重工业、轻工业、生活用品行业以及建筑装饰等行业中得到广泛的应用。奥氏体不锈钢中的含碳量若低于 0.03%或含 Ti、Ni，就可显著提高其耐晶间腐蚀性能。高硅的奥氏体不锈钢对浓硝酸具有良好的耐蚀性。典型的奥氏体钢种如 0Cr18Ni9、1Cr18Ni9Ti。

2. 奥氏体不锈钢的焊接性

（1）易出现热裂纹。防止措施：尽量使焊缝金属呈双相组织铁素体的含量控制在 3%~5%以下。因为铁素体能大量溶解有害的 S、P 杂质；尽量选用碱性药皮的优质焊条，以限制焊缝金属中 S、P、C 等的含量。

（2）晶间腐蚀。晶间腐蚀是沿晶粒边界发生的腐蚀现象。根据贫铬理论，焊缝和热影响区在加热到 450~850℃敏化温度区时在晶界上析出碳化铬，造成贫铬的晶界，不足以抵抗腐蚀的程度。

1Cr18Ni9Ti 钢中多余的碳则通过固熔处理与钛结合形成稳定的碳化物 TiC。由于钛对碳的固定作用，避免了在晶界形成碳化铬，从而防止了晶间腐蚀的产生。故 1Cr18Ni9Ti 钢具有抗晶间腐蚀能力，一般不会产生晶间腐蚀现象。即使经过焊接热循环，只要冷却速度较快，一般不产生晶间腐蚀；0Cr18Ni9 由于不含稳定化元素，焊接过程中加热峰值温度在 600~1000℃的区域，可能出现晶界碳化铬的析出。产生贫铬层，有晶间腐蚀倾向。

防止措施：采用低碳或超低碳的焊材，如 A002 等；采用含钛、铌等稳定化元素的焊条，如 A137、A132 等；由焊丝或焊条向焊缝熔入一定量的铁素体形成元素，使焊缝金属成为奥氏体+铁素体的双相组织（铁素体一般控制在 4%～12%）；减少焊接熔池过热，选用较小的焊接电流和较快的焊接速度，加快冷却速度；对耐晶间腐蚀性能要求很高的焊件进行焊后稳定化退火处理。

（3）应力腐蚀开裂。应力腐蚀开裂是焊接接头在特定腐蚀环境下受拉伸应力作用时所产生的延迟开裂现象。奥氏体不锈钢焊接接头的应力腐蚀开裂是焊接接头比较严重的失效形式，表现为无塑性变形的脆性破坏。

应力腐蚀开裂防止措施：合理制定成形加工和组装工艺，尽可能减小冷作变形度，避免强制组装，防止组装过程中造成各种伤痕（各种组装伤痕及电弧灼痕都会成为 SCC 的裂源，易造成腐蚀坑）；合理选择焊材，焊缝与母材应有良好的匹配，不产生任何不良组织，如晶粒粗化及硬脆马氏体等；采取合适的焊接工艺，保证焊缝成形良好，不产生任何应力集中或点蚀的缺陷，如咬边等；采取合理的焊接顺序，降低焊接残余应力水平。消除应力处理：焊后热处理：如焊后完全退火或退火；在难以实施热处理时采用焊后锤击或喷丸等；介质中杂质的控制，如液氨介质中的 O_2、N_2、H_2O 等；液化石油气中的 H_2S；氯化物溶液中的 O_2、Fe^{3+}、Cr^{6+} 等。防蚀处理：如涂层、衬里或阴极保护等；添加缓蚀剂。

（4）焊缝金属的低温脆化：对于奥氏体不锈钢焊接接头，在低温使用时，焊缝金属的塑韧性是关键问题。此时，焊缝组织中的铁素体的存在总是恶化低温韧性。

防止措施：通过选用纯奥氏体焊材和调整焊接工艺获得单一的奥氏体焊缝。

（5）焊接接头的 σ 相脆化：焊件在经受一定时间的高温加热后会在焊缝中析出一种脆性的 σ 相，导致整个接头脆化，塑性和韧性显著下降。σ 相的析出温度范围 650～850℃。在高温加热过程中，σ 相主要由铁素体转变而成。加热时间越长，σ 相析出越多。

防止措施：限制焊缝金属中的铁素体含量（小于 15%），采用超合金化焊接材料，即高镍焊材；采用小规范，以减小焊缝金属在高温下的停留时间；对已析出的 σ 相在条件允许时进行固溶处理，使 σ 相溶入奥氏体。

总之，奥氏体不锈钢焊接时，主要要保证焊接接头和母材的耐腐蚀能力，奥氏体不锈钢热导率小，焊接热输入大小直接影响焊后的冷却速度，冷却速度越小，出现晶间腐蚀的倾向越大。同时，焊前预热、焊后热处理都会对奥氏体不锈钢接头的耐腐蚀性产生影响。

二、实验任务及目的

（1）观察与分析不锈钢 TIG 焊对接接头的显微组织。

（2）不锈钢（含 Ti 和不含 Ti）焊接接头产生晶间腐蚀的机理及晶间腐蚀区显微组织特征。

（3）热处理规范对奥氏体不锈钢（即 A 不锈钢）接头显微组织的影响。

三、实验装置及实验材料

（1）直流电弧焊机 1 台。

（2）10%草酸（$C_2H_2O_4$）水溶液 1000mL。

（3）1Cr18Ni9Ti 试板 8 对。

（4）0Cr18Ni9 试板 4 对。

（5）A102、A132 焊条（丝）若干。

（6）热处理炉1台。

（7）C法电解浸蚀装置1套。

（8）金相显微镜1台。

（9）乙醇、丙酮、棉花、各号金相砂纸等若干。

四、实验方法及步骤

（1）按表6-5的尺寸准备试板。

表6-5 试板的制备及试板尺寸

材　料	试板数量 /个	试板尺寸/mm			说　　明
		长	宽	厚	
1Cr18Ni9Ti	16	40 ~ 60	20	≤5	沿轧制方向选取
0Cr18Ni9	8	40 ~ 60	20	≤5	沿轧制方向选取

（2）焊接试板：1Cr18Ni9Ti 用 A132 焊条，0Cr18Ni9 用 A102 焊条，焊条直径 $\phi3.2$。焊接参数：电流90A，电压24V。

（3）将焊后的12组焊件分别编号，并按表6-6要求进行相应热处理。

表6-6 焊件热处理规范

焊件编号	材　料	热处理规范	备　注
1	1Cr18Ni9Ti	焊态	
2		焊态	
3		焊后+680℃/2h 热处理	
4		焊后+680℃/2h 热处理	
5		焊后+1150℃/30min 固溶处理+水冷	
6		焊后+1150℃/30min 固溶处理+水冷	
7		焊后+1150℃/30min 固溶处理+水冷+680℃/2h 热处理	
8		焊后+1150℃/30min 固溶处理+水冷+680℃/2h 热处理	
9	0Cr18Ni9	焊后+680℃/2h 热处理	
10		焊后+680℃/2h 热处理	
11		焊后+1150℃/30min 固溶处理+水冷	
12		焊后+1150℃/30min 固溶处理+水冷	

（4）用砂轮切割机从每块焊件上取1~2个试片。

（5）用砂轮或锉刀将试片表面加工，去掉棱角。

（6）按金相试片要求，用各号砂纸将试片检验表面磨平磨光，并用水冲洗干净。

（7）抛光试片表面，表面粗糙度不大于 $0.8\mu m$，用水冲净，再用棉花酒精或丙酮擦净检验表面，吹干。

（8）将试片检验表面浸入 10%草酸溶液（把 100g 草酸溶于 900mL 蒸馏水中），试片接电源"+"端，同时接通电路。电流密度按试片检验表面积计算，为 $1A/cm^2$，试验溶液温度为 20~50℃，试验时间为 1.5~2min。

（9）取出试片用水冲洗净，用酒精或丙酮擦净检验表面，吹干。

（10）依次观察不同状态下焊接接头的金相组织（包括热影响区、熔合区及焊缝区）。

五、实验结果及分析

（1）观察金相显微镜组织，拍出或画出每组焊件焊接接头的金相组织图，放大倍数为 150~500 倍，并填入表 6-7 中。

表 6-7　实验数据记录表

试样编号	试样面积/cm²	电流密度/A·cm²	浸蚀时间/s	溶液温度/℃	组织形貌描述及示意图	判定结果	备注
1							
2							
3							
4							
5							
6							
7							
8							
9							
10							
11							
12							

（2）根据观察结果，分析焊后热处理规范对不同成分 A 不锈钢晶间腐蚀倾向和产生腐蚀区域的影响。

六、思考题

（1）1Cr18Ni9 钢和 1Cr18Ni9Ti 钢在焊接接头产生晶间腐蚀的机理上有何区别？

（2）焊后热处理规范对 1Cr18Ni9 钢和 1Cr18Ni9Ti 钢焊接接头产生晶间腐蚀各有什么影响？

（3）结合实验过程和结果，总结 A 不锈钢焊接工艺要点。

七、注意事项

（1）配制化学试剂时，戴好手套和口罩，实验区要远离高热或靠近水源的地方。

（2）每次实验前要配制新的浸蚀液。

（3）实验过程中，一旦化学试剂接触到皮肤，立即脱去被污染的衣着，并用大量流动清水冲洗至少 15min，并及时就医。

（4）眼睛一旦溅到化学试剂，立即提起眼睑，用大量流动清水或生理盐水彻底冲洗至少 15min，并就医。

八、报告撰写要求

（1）实验前应提前预习实验指导书，熟悉本实验的目的和具体内容。

（2）综合实验的内容要完整，主要包括以下几个方面：实验背景、名称、实验仪器及设备、实验方法及步骤、实验结果及分析（对比金相图片进行分析，并指出产生变化的原因）、心得体会。

实验 6　焊接线能量对焊接残余应力、变形和热影响区的影响综合实验

一、背景知识简介

1. 焊接线能量的影响

在焊接过程中热源沿焊件的某一方向移动，焊件上任一点的温度都经历由低到高的升温阶段，当温度达到最大值后又经历由高到低的降温阶段。在焊缝两侧不同距离的各点，所经历的这种热循环是不同的。焊接是一个不均匀的加热和冷却过程，也可以说是一种特殊的热处理过程。与金属材料一般热处理相比，或与塑性成形或凝固成形相比，焊接时的加热速度和冷却速度都相当快，这是造成焊接接头组织、性能不均匀性的重要原因。

焊接线能量是指由焊接热源输入给单位长度焊缝上的能量。焊接线能量对焊接接头的性能影响很大，线能量过大，容易造成接头和热影响区组织过热，产生过热组织，而使其脆化，降低焊缝和热影响区的硬度和韧性；线能量小，焊接热输入不足，熔池温度不够，冷却速度快，容易产生淬硬组织，如马氏体，造成焊缝应力集中和产生变形，严重的还会出现开裂。所以，焊接时要根据母材和焊材的熔点、组织、性能，合理地选择线能量，以获得最佳性能的焊接接头。

预热温度、焊接层次（含焊道尺寸）、焊接电流、电弧电压、焊接速度、电流种类与极性、焊接位置和焊条直径等都会影响焊接线能量，其中直接决定焊接线能量的因素是焊接电流、电弧电压和焊接速度。因此焊接工艺参数选择的合理与否，将会影响焊后焊件内部残余应力的分布、变形，也会影响焊接热影响区的宽度和韧性，进而影响构件的使用性能。

2. 切条法测量残余应力原理

焊接残余应力的测量方法，按其原理可分为应力释放法、物性变化法（如 X 射线法、磁性法）等，应力释放法又可分为小孔法（即盲孔法）、套孔法与梳状切条法（也称全释法）。本实验采用切条方法进行测量。

从对接缝的纵向应力分布图可知：焊缝区金属产生拉应力，远离焊缝中心区域金属产生压应力，如图 6-11（b）所示。

为了测量 OY 轴线上 OX 的应力分布，需要对待测应力截面沿 OY 轴锯开，形成一个新端面。由于此端面在垂直于该面的方向不再受约束，因而使该端面区域中的应力获得释放。若再在该新端面粘贴应变片的两边进行梳状式锯开（见图 6-11（c））则使该梳状条金属与原板材的约束基本解除，使应力得到进一步释放。释放的应力转化为应变通过电阻应变片和电阻应变仪将其测出，通过计算就能求得各粘贴应变片位置的应力值。

全释放法计算焊接残余应力的公式为：

$$\sigma_X = -(\varepsilon_{X1} - \varepsilon_{X0}) \cdot E$$

式中　E——弹性模量；

　　　ε_{X0}——未锯前的初始应变值；

　　　ε_{X1}——锯开后的测量应变值。

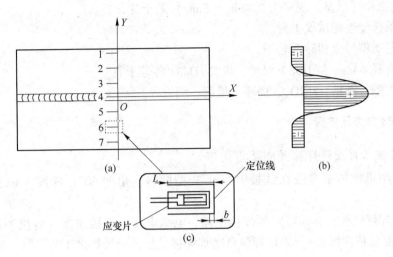

图 6-11　对接接头试板布片图及梳状切口图

由于焊接是对工件的局部加热，从而造成受热处金属膨胀，而周围未加热处温度低，对受热处的金属产生压缩作用，这样在受热金属内部就产生了压缩内应力。局部加热温度越高，来自周围较低温度处金属阻碍膨胀的作用力就越大，使受热区的压缩内应力由弹性应力达到屈服应力，此时相对应的应变值也由压缩弹性应变达到压缩塑性应变，从而产生焊接残余变形。

二、实验目的及任务

（1）通过实验，让学生掌握应力释放法的测试原理及操作技术，学会应用应力释放法测量焊接接头中残余应力，加深对焊缝中残余应力分布规律的了解。

（2）掌握焊接残余变形产生机理，学会应力变形测试方法。

（3）采用切条法测量开缺口平板埋弧自动焊接头特定截面纵向残余应力数值。

（4）测试不同焊接工艺参数条件下平板对接时角变形大小。

（5）了解焊接温度场分布，掌握热影响区硬度与焊接温度场的关系。

（6）综合分析线能量对焊接接头残余应力、变形和热影响区的影响规律。

（7）截取试样，测量不同工艺参数下的试样的硬度值和相应的金相组织。

三、实验设备及材料

（1）MZ630（或其他型号的）埋弧自动焊机 1 台。

（2）万能角度尺 1 把。

（3）YJ—22 型静态应变仪 1 台。

（4）YZ—22 型转换箱 1 只。

（5）QJ23 型携带式直流电桥 1 只。

（6）Q235 钢试板，规格为 400mm×300mm×10mm 若干块。

（7）电流表（0～250A）1 个。

（8）电压表（0～75V）1 个。

（9）应变片（纸基，规格为 2.8mm×15mm）若干片。

（10）维氏硬度测试仪 1 台。

（11）各类型号金相砂纸若干。

（12）直径 ϕ4mm 的 H08A 焊丝、焊剂 HJ431 各若干克。

（13）丙酮、酒精、HNO_3、烧杯、量筒、滴管等。

四、实验方法及步骤

1. 采用埋弧自动焊焊接并测量角变形

（1）采用机械加工方法在试板中心开 V 型缺口，角度 60°，深度 5mm，根部间隙为 2mm。

（2）装配好试板，选择特定的焊接电流、电弧电压、焊接速度（各组不同，计算得到的焊接线能量依次增大），采用埋弧自动焊焊接试板，记录焊接工艺参数，见表 6-8。

（3）用 0 号砂纸打磨焊后的焊件，要求焊件表面光洁无氧化皮，然后用丙酮、酒精进行清洗，去除表面的锈迹、油污、磨屑等脏物。

（4）使用万能角度尺测量角变形，测量点至少 5 个，最终结果取平均值。

表 6-8　焊接工艺参数及测量结果

试样编号	焊接电流/A	电弧电压/V	焊接速度/cm·min^{-1}	线能量/J·min^{-1}	角变形/(°)	硬度值 HV	备 注
1	400	31~33	40~45				
2	450	31~33	40~45				
3	500	31~33	40~45				
4	550	31~33	40~45				
5	600	31~33	40~45				

2. 应变量测试

（1）划线，按图 6-11（a）进行布片，由于纵向应力 σ_x 以 OX 轴对称分布，故在 σ_x 轴两侧的布片与焊缝中心的距离可以不等距交叉分布，以增加应力测量点。

（2）用 502 胶水粘贴应变片，应变片与金属之间无气泡无脱胶现象，然后贴上接线端子，将应变片引线与端子连接起来。

（3）检查应变片与焊件之间的绝缘电阻、用兆欧表检查绝缘电阻不小于 200MΩ。

（4）将粘贴合格的应变片逐片接上电阻应变仪，并接上温度补偿片，进行调零。

（5）将焊件放在铣床上沿垂直于焊缝方向的中心线切断。

（6）测量应变值，应变片实测读数应连续测量三次，将测量结果记录到表 6-9。

表 6-9　应变片实测读数记录表

测点位置 可变值	1	2	3	4	5
切断前 ε_{X0}					

测点位置 可变值			1	2	3	4	5
切断后	ε_{X1}	1					
		2					
		3					
		平均值					
应变值变化值 $\Delta\varepsilon = \varepsilon_{X1} - \varepsilon_{X0}$							
应力值 $\sigma = -\Delta\varepsilon \cdot E$							

3. 显微组织观察及硬度测试

（1）从埋弧自动焊焊接试样上截取一个样品，尺寸 50mm×50mm×10mm。

（2）打磨试样并做金相腐蚀，观察每个工艺参数下的显微组织。

（3）显微组织观察后的试样，按照图 6-12 测试显微维氏硬度，测量点数应保证足以覆盖焊缝、热影响区及母材区域，每个区域不少于三个值，相邻测量点间距为 0.5mm。

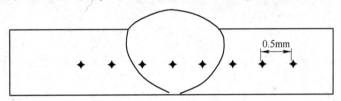

图 6-12 显微硬度测试图

五、实验结果及分析

（1）将测试结果记录在相应表格中。

（2）分析线能量对接头角变形的影响，画出角变形随线能量的变化曲线。

（3）分析线能量对接头显微组织变化。

（4）分析线能量对接头显微硬度的影响，画出每个接头不同区域硬度值变化曲线。

（5）根据应变量测量结果，分析线能量对残余应力的影响规律。

六、思考题

（1）影响纵向焊接残余应力大小的影响有哪些，如何控制？

（2）影响对接接头焊接残余角变形的因素有哪些？

（3）简述焊接线能量对纵向残余应力及残余角变形的影响规律。

（4）线能量与接头硬度之间有何关系？

七、注意事项

（1）测量前，严格按照应变片的粘贴技术要求进行操作和检查，否则将影响测量精度。

（2）在贴片、接线和锯切过程中要细心，防止任何一根引线断裂，影响测量结果。

（3）注意各应变花与预调平衡箱和应变仪调节的对应关系，避免混淆。

（4）焊接操作时，穿戴的衣服鞋袜要具有保护功能，观察要保持一定距离，焊接刚结束时，不要用手直接触摸。

（5）试样锯切时，由于切口较多，可能存在锯切位置处于不佳状态的情况，要耐心操作，防止受伤。

八、报告撰写要求

（1）实验前，认真做好预习，了解实验目的、实验内容及实验原理，并事先准备好数据记录表格。

（2）综合实验的内容要完整，主要包括以下几个方面：实验背景、名称、实验仪器及设备、实验方法及步骤、实验结果及分析、心得体会。实验撰写在专用实验报告纸上（不够可加页）。

（3）涉及的显微组织图片可拍摄后粘贴在报告册上。

（4）实验曲线要求用铅笔手工绘出。曲线要规范，应包括刻度，单位标注齐全，比例要合适。

实验7　焊接接头力学性能测试方法综合实验

一、背景知识简介

金属材料的焊接性能优劣，一方面体现在材料的焊接难易程度，另一方面体现在焊接接头的使用性能，包括在不同使用环境（温度、介质）、不同载荷作用下焊接接头的强度、塑性、韧性、疲劳强度等力学性能，因此力学性能测试便成为了评价材料焊接性能的重要组成部分。同时，焊接接头力学性能的测试方法与标准，与锅炉及压力容器制造过程中的强制性条款具有相关性，应予以重视。

焊接接头的力学性能测试主要是通过对焊接接头进行拉伸、硬度、弯曲、冲击、扭转和剪切等实验，评定焊接接头在不同载荷作用下的强度、塑性和韧性等性能。焊接接头的力学性能测试应符合相应的国家标准，见表6-10。

表6-10　焊接接头力学性能测试国家标准

标准名称	标准代号	主要内容	适用范围
焊接接头机械性能实验取样方法	GB/T 2649—1989	规定了金属材料焊接接头的拉伸、冲击、弯曲、压扁、硬度计点焊剪切等实验的取样方法	熔焊、压焊焊接接头
焊接接头冲击试验方法	GB/T 2650—2008	规定了金属材料焊接接头的夏比冲击试验方法，以测定试样的冲击吸收功	熔焊及压焊对接接头
焊接接头拉伸试验方法	GB/T 2651—2008	规定了金属材料焊接接头横向拉伸实验和点焊接头剪切试验方法，以分别测定接头的抗拉强度和抗剪负荷	熔焊及压焊对接接头
焊缝及熔敷金属拉伸试验方法	GB/T 2652—2008	规定了金属材料焊缝及熔敷金属的拉伸试验方法，以测定其拉伸强度和塑性	填充焊条或焊丝的熔化焊接
焊接接头弯曲试验方法	GB/T 2653—2008	规定了金属材料焊接接头横向正弯及背弯实验、横向侧弯实验、纵向正弯及背弯实验、管材压扁实验，以检验接头拉伸面上的塑性及显示缺陷	熔焊及压焊对接接头
焊接接头硬度试验方法	GB/T 2654—2008	规定了焊接接头的硬度试验方法	金属材料的电弧焊接头，其他接头种类（如压焊接头和堆焊金属）的硬度测试也可参照本标准。注：不适用于奥氏体不锈钢焊缝的硬度实验
焊接接头脉动拉伸疲劳试验方法	GB/T 13816—92	规定了焊接接头的脉动拉伸疲劳试验方法	钢材电弧焊对接接头及角接头

二、实验目的及任务

（1）了解焊接接头力学性能测试的基本方法与原理，包括硬度、拉伸、弯曲、冲击以及疲劳试验。

（2）熟悉试样的制备及力学性能测试标准。

（3）掌握分析焊接接头力学性能数据的能力。

三、实验材料及设备

本实验选用 10mm 厚的 Q235 钢板，采用直径 1.2mm 的 H08A 焊丝，调整焊接参数得到无明显焊接缺陷的焊接接头，分别进行如下力学性能测试。

四、实验内容及步骤

首先进行实验原理讲解，简要介绍硬度试验、拉伸试验、弯曲试验、冲击试验以及疲劳试验的测试方法种类，重点讲解本次实验所用的测试方法及设备特点，对照现场检测设备，将教材所示仪器部件与实物对应，并介绍安全事宜。

1. **焊接接头硬度试验**

硬度试验是材料试验中最简便的一种，与其他材料试验如拉伸试验、冲击试验和扭转试验相比，具有以下特点：（1）试验可在零件上直接进行而不论零件大小、厚薄和形状；（2）试验时留在表面上的痕迹很小，零件不被破坏；（3）试验方法简单、迅速。硬度试验在机械工业中广泛用于检验原材料和零件在热处理后的质量。由于硬度与其他力学性能有一定关系，也可根据硬度估计出零件和材料的其他力学性能。硬度试验方法很多，一般分为划痕法、压入法和动力法三类。本次实验采用的是压入法中的维氏硬度测试法，采用显微硬度计，直接读数，方便快捷。

试样制备：采用显微维氏硬度测试，设备为从焊接板材中取样，应符合《焊接接头机械性能实验取样方法》（GB/T 2649—1989）中的规定。试样应进行标记，以确定在原焊接板材中的位置。取样后将试样截面打磨光滑平整，在硬度测试前进行金相腐蚀，以确定热影响区位置，使测试具有针对性。随后进行标线测定，分别在试样截面的近上表面和近下表面进行标定，标线与表面的距离小于 2mm，如图 6-13 所示。

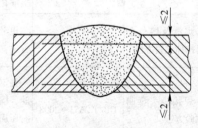

图 6-13   硬度标线位置

实验过程：按照《焊接接头硬度试验》（GB/T 2654—2008）方法中的规定进行测试，本实验所选的测点间距离为 0.5mm，测点的数量和间距应足以确定由于焊接导致的硬化或软化区域。硬度测试压力为 100g，加载时间为 20s。

实验结果与分析：以测量点到焊缝中心的距离和该点的硬度值为横纵坐标，绘制硬度分布散点图，如图 6-14 所示（可根据具体实验要求进行修改）。随后对结果进行分析，分析焊接热对焊缝及周边热影响区的硬度影响，包括各个区域硬化或软化的原因等。

2. **焊接接头拉伸试验**

拉伸试验是指在承受轴向拉伸载荷下测定材料特性的试验方法。利用拉伸试验得到的数据可以确定材料的弹性极限、伸长率、弹性模量、比例极限、面积缩减量、拉伸强度、屈服点、屈服强度和其他拉伸性能指标。对于焊接接头而言，拉伸试验中最主要的试验结果为焊接接头的屈服和抗拉强度，通过与母材的力学性能对比来评判焊接接头的质量。

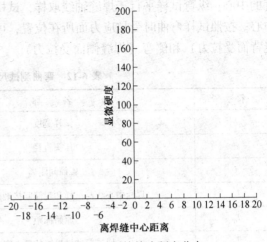

图 6-14　焊接接头硬度分布

（1）试样制备：利用线切割从焊接板材上取样，拉伸试样尺寸、实验设备应符合《焊接接头机械性能试验取样方法》（GB/T 2649—1989）和《焊接接头拉伸试验方法》（GB/T 2651—2008）中的规定，试样长度方向垂直于焊缝，且焊缝位于试样正中。用砂纸对试样表面进行打磨，去除焊缝余高部分，使焊缝与母材具有相同厚度，采用千分尺记录样品尺寸。对于板材对焊的焊接接头拉伸试样，试样尺寸应参照表 6-11。每种样品取 3 个试样并打好标记，以便确认取样位置。

（2）实验过程：将样品夹持在万能拉伸实验机上，设置拉伸速率、试样类型等参数后进行测试。

（3）实验结果与分析：输出结果后根据试样尺寸绘制应力-应变曲线，依据该数据，得到焊接接头的屈服强度、抗拉强度以及断裂延伸率，取三个试样的平均值，并且计算出焊接强度与母材强度的比值，评定焊接接头的焊接质量。根据试样的断裂位置、断口形貌以及断口处是否有焊接缺陷等现象，分析影响焊接接头强度和伸长率的主要原因。

表 6-11　板材试样尺寸要求

总　　长	L	根据实验机确定
夹持部分宽度	B	$b+12$
平行部分宽度	b	$\geqslant 25$
平行部分长度	l	$>L_s+60$ 或 L_s+12
过渡圆弧	r	25

注：L_s—试样加工后焊缝最大宽度。

3. 焊接接头弯曲试验

弯曲试验是指测定材料在焊接后，承受弯曲载荷时的力学特性的试验。弯曲试验主要用于测定脆性和低塑性材料或焊接接头的抗弯强度并能反应塑性指标的挠度。对从焊接接头截取的横向或纵向试样进行弯曲，不改变弯曲方向，通过弯曲产生塑性变形，使焊接接头的表面或横截面发生拉伸变形，若无特殊规定，一般情况下，试验在室温下进行。试验时将试样加载，使其弯曲到一定程度，观察试样有无裂纹，裂纹的尺寸和位置。表 6-12 是弯曲测试试样的尺寸符号及名称。

（1）试样制备：依据取样时焊缝与试样长度方向的相对位置，弯曲试样可分为横弯、侧弯两种试样。横弯试样垂直于焊缝轴线取样，试样加工完成后焊缝中心线应位于试样长度的中心；纵弯试样平行于焊缝轴线取样，试样加工完成后焊缝中心线应位于试样宽度的中心。按照试样弯曲时受拉应力面所在位置，可分为面弯（焊缝正面受拉力）、背弯（焊缝背面受拉力）和侧弯（焊缝侧面受拉力）。

表 6-12　弯曲测试尺寸符号及名称

符　号	名　　称	单　位
b	试样宽度	
d	压头直径	
l	辊筒间距离	
l_1	焊缝中心线与试样和辊筒间接触点间距离	
l_0	原始标距	
l_s	加工后试样焊缝的最大宽度	mm
l_t	试样总长度	
r	辊筒半径	
t	试件厚度	
t_s	试样厚度	
α	弯曲角度	(°)

　　本次试验将进行焊接接头的横向正弯及背弯测试。利用线切割，垂直于焊缝取样，试样应符合标准《焊接接头弯曲试验方法》（GB/T 2653—2008）。在满足相关标准的前提下，试样尺寸还应满足如下要求：试样长度 l_t 应为 $l_t \geq l+2r$；试样厚度，t_s 应等于母材的厚度，试件厚度大于 12mm，试样厚度应为 12±0.5mm，且试样应取自焊缝的正面或背面；试样宽度，对于钢板试样 $b \geq 1.5t_s$（至少 20mm），对于铝、铜及其合金板试样宽度 $b \geq 2t_s$（至少 20mm）。取样后对试样表面进行打磨，保证试样表面光滑平整，无明显划痕。

　　（2）实验过程：利用万能实验机进行圆形压头三点弯曲测试，试验应按标准《焊接接头弯曲试验方法》（GB/T 2653—2008）执行。试验过程中，试样焊缝的轴线对准弯模的中心线，使焊缝和热影响区都在试样的受弯部分。正弯试验时，焊缝背面与压头接触，使焊缝正面受拉应力；背弯试验时，焊缝正面与压头接触。压头直径和支承辊筒直径需满足相关标准，辊筒直径至少为 20mm。本试验选择的压头直径和辊筒直径均为 20mm，支承辊间距离 l 在 $d+2t_s$ 和 $d+3t_s$ 之间（或根据《金属材料弯曲实验方法》（GB/T 232—2010），l 应为 $d+3t_s \pm 0.5t_s$），本试验选择 24mm。当弯曲角 α 达到使用标准中规定的数值，试验完成，本试验中选择的弯曲角为 180°。弯曲试验过程中，应缓慢加载，以便使材料自由地进行塑性变形，本试验选择速率为 1mm/s。

　　（3）实验结果与分析：试验完成后检查试样受拉面上出现的裂纹尺寸和位置。一般而言，相关标准规定了在弯曲角一定的情况下，对裂纹尺寸的要求，弯曲试验后可参考相关标准检验焊接产品合格与否。

　　4. 焊接接头冲击试验

　　冲击试验一般是确定材料在经受外力冲撞载荷时产品的安全性、可靠性和有效性的一种试验方法。在某些特定使用条件下，对焊接接头也有冲击韧性的要求，一般与焊件母材的标准直接相关。

（1）试样制备：当产品制造规程对焊接接头的冲击韧性提出要求时，应从焊接接头试件中取缺口冲击试样进行检测。试样的缺口位置可以在焊缝、热影响区和熔合区，每个区域要求试样 3 至 5 个。试样长度方向垂直于焊缝轴线，缺口轴线方向与试样长度方向垂直。焊缝金属冲击试样的缺口应位于焊缝侧面的中心线上；热影响区冲击试样的缺口应在紧靠熔合线的热影响区位置。缺口冲击试样的形状、尺寸和试验程序应符合《焊接接头冲击试验方法》（GB/T 2650—2008）的规定，选用尖缺口的冲击试样。

（2）实验过程：本次试验将进行焊缝的 V 形缺口冲击试验。首先采用线切割在焊接板上取尺寸为 55mm×10mm×10mm 带有 V 型缺口的标准试样（当试件尺寸不够制备标准试样时，可选择表 6-13 中的小试样尺寸），试样缺口面垂直于焊缝表面，缺口角度 45°，深度 2mm，底部曲率半径为 0.25mm。根据标准《焊接接头冲击试样方法》（GB/T 2560—2008），则该试样应命名为 VWT 0/0，试验中根据材料的具体厚度可作出调整。取样后用砂纸将试样表面打磨光滑，在不影响尺寸的情况下磨掉表面的明显划痕，试样缺口底部的表面粗糙度 Ra 应低于 0.8μm。若缺口处有肉眼可见的气孔、夹杂、裂纹等缺陷时则试样不可用。

表 6-13　冲击试样尺寸要求

名称	符号及序号	V 型缺口试样	
		公称尺寸	机加工偏差
长度	l	55mm	±0.6
高度	h	10mm	±0.075
宽度	w		
——标准试样		10mm	±0.11
——小试样		7.5mm	±0.11
——小试样		5mm	±0.06
——小试样		2.5mm	±0.04
缺口角度		45°	±2°

（3）实验结果与分析：冲击试验要求应符合《金属夏比缺口冲击试验》（GB/T 229—1994）的规定，试验结果可用冲击功或冲击韧度表示，对于 V 型坡口试样，分别用 A_{KV} 和 a_{KV} 表示。冲击试验结果取三个试样的平均值，焊接接头冲击韧度的合格标准一般需要满足相应母材的标准规定值。可容许其中一个试样的实测冲击吸收功低于规定值，但不得低于规定值的 70%。对于 Q235 钢，一般情况下其冲击韧性应满足 $A_{KV} \geqslant 27J$。如接头的冲击韧性无法达到要求，应从实验材料、焊接参数、检测过程等方面分析原因。

5. 焊接接头疲劳试验

疲劳试验用于评定焊接接头的疲劳强度以及在循环载荷下疲劳裂纹在焊接接头中的扩展速率。疲劳强度通常以疲劳极限为计算疲劳强度的准则。焊接接头与焊缝金属的疲劳试验分为旋转弯曲实验法及轴向循环疲劳实验法两类。根据疲劳周次可分为低周疲劳（循环次数低于十万次）和高周疲劳（循环次数高于十万次）两类，高周疲劳的应力水平比较低，一般低于材料的屈服强度，低周疲劳的应力相对较高，一般接近或高于材料的屈服强度。经过反复实验，测得使试样破坏时的应力 σ 与循环次数 N，以应力为纵轴、应力循环次数为横轴绘制疲劳曲线，通常称为 σ-N 曲线。

（1）试样制备：本次试验将进行焊接接头的轴向低周循环疲劳试验。此类试验适合于低合金钢电弧焊对接接头及角接头的脉动拉伸疲劳性能的测定。试样尺寸及取样方式如图 6-15 及表 6-14 所示。试样的样品数不少于 6 个，测试前记录每个样品的精确尺寸，计算截面积 A。

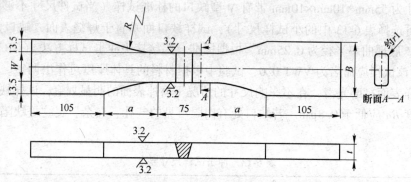

图 6-15　疲劳试样尺寸要求

表 6-14　试样尺寸标准　　　　　　　　　　　　　　　　（mm）

W	50	40	31.5	25
B	77		58.5	
R	285		230	
a	87		77.5	

（2）实验过程：试验按照《焊接接头脉动拉伸疲劳实验》（GB/T 13816—1992）进行。试验在疲劳实验机上进行，夹紧试样保证不松动，设定最大及最小应力值，最小应力取 39MPa，试验频率选择 20Hz。

（3）实验结果及分析：根据实验结果绘制 σ-N 曲线，分析影响焊接接头疲劳性能的因素。调整疲劳实验参数，分析载荷对材料疲劳性能结果的影响。当焊接参数不同时，观察断裂后的试样断口，研究焊接接头的疲劳断裂行为是否会受到影响。

五、思考题

（1）焊接过程中直接影响焊接接头的力学性能因素有哪些？

（2）力学性能检测过程中，有哪些原因会影响实验结果？

（3）如何尽可能地消除环境因素对焊接接头力学性能测试结果的影响？

六、注意事项

（1）施焊前，要检查焊机是否接零或漏电保护，以保证操作人员的安全。

（2）施焊时，操作者及观察人员均需佩带焊接面罩，焊工应站在干燥木板或其他绝缘垫上操作。

（3）使用实验设备时，严格按照设备操作规程进行，设备一旦出现故障，应立即停止使用、关闭电源，并及时报告实验指导教师。

（4）实验结束后，应关闭所有设备电源并保持实验场所清洁。

七、报告撰写要求

（1）实验前，认真做好预习，了解实验目的、实验内容及实验原理，并事先准备好数据记录表格。

（2）综合实验的内容要完整，主要包括以下几个方面：实验背景、名称、实验仪器及设备、实验方法及步骤、实验结果及分析、心得体会。实验撰写在专用实验报告纸上（不够可加页）。同时，实验报告中还要阐明每种焊接接头力学性能测试方法的原理、试样制备过程中出现的问题以及解决方法，对实验结果应有详细的分析，根据实验结果对焊接接头的性能进行评判。

（3）实验曲线要求用铅笔手工绘出。曲线要规范，应包括刻度，单位标注齐全，比例要合适。

参 考 文 献

[1] 程方杰，等. 材料成型与控制实验教程 [M]. 北京：冶金工业出版社，2011.

[2] 张文钺. 焊接冶金学（基本原理）[M]. 北京：机械工业出版社，1996.

[3] 中华人民共和国机械工业部. GB/T 3965—1995 熔敷金属中扩散氢测定方法 [S]. 国家技术监督局，1996：72~79.

[4] 机械工业部哈尔滨焊接研究所. JBT8423—1996 电焊条焊接工艺性能评定方法 [S]. 中华人民共和国国家机械工业部，1996：1~4.

[5] 王勇，王引真，张德勤. 材料冶金学与成型工艺 [M]. 东营：石油大学出版社，2005.

[6] 李亚江. 焊接冶金学：材料焊接性 [M]. 北京：机械工业出版社，2006.

[7] Sindo Kou. Welding Metallurgy (second edition) [M]. New Jersey：John Wiley & Sons，Inc，2003.

[8] 机械电子部. GB/T 9446—1988 焊接用插销冷裂纹试验方法 [S]. 国家标准局，1988：117~122.

[9] 中华人民共和国国家机械工业部. GB 4678.4—84 压板对接（FISCO）焊接裂纹试验方法 [S]. 国家标准局，1984：97~101.

[10] 黄石生. 弧焊电源及其数字化控制 [M]. 北京：机械工业出版社，2007.

[11] 陈祝年. 焊接工程师手册 [M]. 北京：机械工业出版社，2002.

[12] 中国机械工程学会焊接学会. 焊接手册：第1卷，第3版 [M]. 北京：机械工业出版社，2008.

[13] 王宗杰. 熔焊方法及设备 [M]. 北京：机械工业出版社，2006.

[14] 赵熹华. 压焊方法与设备 [M]. 北京：机械工业出版社，2008.

[15] 方洪渊. 焊接结构学 [M]. 北京：机械工业出版社，2008.

[16] 赵熹华. 焊接检验 [M]. 北京：机械工业出版社，2011.

[17] 梁启涵. 焊接检验 [M]. 北京：机械工业出版社，2002.

[18] 李生田. 焊接结构现代无损检测技术 [M]. 北京：机械工业出版社，2000.

[19] 张启运，庄鸿寿. 钎焊手册，2版 [M]. 北京：机械工业出版社，2008.

[20] 全国焊接标准化技术委员会. GB/T 2650—2008 焊接接头冲击试验方法 [S]. 中国国家标准化管理委员会，2008：1~4.

[21] 陈裕川. 焊接工艺评定手册 [M]. 北京：机械工业出版社，1999.

[22] 霍立兴. 焊接结构的断裂行为及评定 [M]. 北京：机械工业出版社，2000.

[23] 周达，沈一龙. 焊接实验 [M]. 北京：国防工业出版社，1985.

冶金工业出版社部分图书推荐

书　名	作　者	定价(元)
中国冶金百科全书·金属塑性加工	本书编委会	248.00
爆炸焊接金属复合材料	郑远谋	180.00
楔横轧零件成形技术与模拟仿真	胡正寰	48.00
薄板材料连接新技术	何晓聪	75.00
高强钢的焊接	李亚江	49.00
高硬度材料的焊接	李亚江	48.00
材料成型与控制实验教程（焊接分册）	程方杰	36.00
焊接技能实训	任晓光	39.00
焊工技师	闫锡忠	40.00
焊接材料研制理论与技术	张清辉	20.00
金属学原理（第2版）（本科教材）	余永宁	160.00
加热炉（第4版）（本科教材）	王　华	45.00
轧制工程学（第2版）（本科教材）	康永林	46.00
金属压力加工概论（第3版）（本科教材）	李生智	32.00
金属塑性加工概论（本科教材）	王庆娟	32.00
型钢孔型设计（本科教材）	胡　彬	45.00
金属塑性成形力学（本科教材）	王　平	26.00
轧制测试技术（本科教材）	宋美娟	28.00
金属学及热处理（本科教材）	范培耕	38.00
轧钢厂设计原理（本科教材）	阳　辉	46.00
冶金热工基础（本科教材）	朱光俊	30.00
材料成型设备（本科教材）	周家林	46.00
材料成形计算机辅助工程（本科教材）	洪慧平	28.00
金属塑性成形原理（本科教材）	徐　春	28.00
金属压力加工原理（本科教材）	魏立群	26.00
金属压力加工工艺学（本科教材）	柳谋渊	46.00
钢材的控制轧制与控制冷却（第2版）（本科教材）	王有铭	32.00
金属压力加工实习与实训教程（高等实验教材）	阳　辉	26.00
塑性变形与轧制原理（高职高专教材）	袁志学	27.00
锻压与冲压技术（高职高专教材）	杜效侠	20.00
金属材料与成型工艺基础（高职高专教材）	李庆峰	30.00
有色金属轧制（高职高专教材）	白星良	29.00
有色金属挤压与拉拔（高职高专教材）	白星良	32.00
金属热处理生产技术（高职高专教材）	张文莉	35.00